ブレインワークス 監修
一般社団法人 アジアアグリビジネス研究会 編著

カナリアコミュニケーションズ

まえがき

日本の農業に未来はあるか
時代の変化に対応し、挑戦する農家たち

人間は食べ物がなくては生きていくことができない。誰もが日々農産物と関わって生活しているが、実は多くの人が農業についてよく知らないという現実がある。和食が世界遺産に登録され、世界にも広がりを見せている一方で、野菜や果物がどのようにできて、どういう過程を経て食べ物が食卓に並ぶかを知らない子どもたちが数多く存在する。「食」は私たちの生活に密着しているにもかかわらず、その生産過程や生産者である農家に対して目を向けられることがあまりにも少ない。農と食は完璧に切り離された産業になってしまっている。食と農の乖離、これがこの国の現状である。

日本の人口の3％に満たない約260万人（2010年現在）の農家が日本の食料の大半を支えている。

ところが、農業従事者の平均年齢は上昇を続けている。平均年齢は実に65・8歳。65歳以上の高齢農業者の比率は1割から6割へ上昇し、これに対して35歳未満は5％にとどまる。若手が育たない産業に明るい未来はない。

1960年から今日までGDPに占める農業の割合は9％から1％に減少している。専業農家は34・3％から19・5％へ減少し、第2種兼業農家は32・1％から67・1％へと大きく増加した。農産物の国内市場は1990年代をピークに縮小している。

このように日本の農業を取り巻く環境を考えれば、暗澹たる気持ちになってしまいそうだが、果たしてこの国の農業には、もはや産業としての未来はないのだろうか。

世界の食市場は拡大が続き、特にアジア市場は2020年までに3倍に膨らむとみられている。地球規模での人口増加が進展する中、現在の食糧供給構造を維持するためには、農業が『主役』になる必要がある。そして、輸出がより活発になる今後、日本農業の技術や品質は、さらに大きな武器となっていくことが予想される。

日本では人口減少化が進行しており、国内市場はさらに縮小すると危惧する向きもあるが、質の変化という側面を無視することはできない。例えば、人口増加時代は質より量を重視することになるが、人口減少時代は量より質を重要視すると考えることもできる。すなわち、ビジネスモデルが変化しつつあるのであって、農業低迷の原因の一つは、今までのやり方が通用しなくなったと言うことができるのではないか。

その中でもいち早くこだわり農法を取り入れたり、海外に目を向けたり、独自のマーケティングを始めたり、挑戦を続ける農家も数多く存在する。世界先端の生産技術を取り入れながら、生産から販売まで一貫した独自のモデルを構築しようとしている農家も現れ始めている。そんな魅力ある農家の方々にスポットを当て、農業の新たなる展開の一助としていただくと共に、農業分野への関心を喚起させていくことにつながっていくことを強く望んでいる。

一般社団法人 アジアアグリビジネス研究会

目次

まえがき

米

薬膳御用達米本舗 8
農業生産法人 ㈱ 黒澤ファーム 10
有限会社 すとう農産 12
有限会社 グリーンサービス 14
有限会社 古代米浦部農園 16
株式会社 農業舎 18
越後ファーム 株式会社 20
有限会社 いなほ新潟 22
株式会社 ごはん 24
有限会社 花水農産 26
有限会社 川原農産 28
金崎さんちのお米 30
中道農園 32
株式会社 農樹 34
中谷農事組合法人 36
楽笑共生ネットワーク 百姓・木村 38

野菜

株式会社　coeur d'or（株式会社クールドール）　40
有限会社　あべ農園　42
耕す木更津農場　44
柴海農園　46
農業生産法人　有限会社　栗原農園　48
有限会社　森ファームサービス　50
古谷農産　52
有限会社　あずま産直ねっと　54
株式会社　プレマ／プレマ・オーガニック・ファーム　56
有限会社　ファームクラブ　58
リッチフィールド　株式会社　60
有限会社　グリーンズプラント巻　62
株式会社　果香詩　64
株式会社　金沢大地　66
株式会社　アジチファーム、株式会社　鮎街道ファーム（子会社）　68
株式会社　サラダボウル　70
有限会社　トップリバー　72
信州森のファーム　74
長寿園　76
中野農園　78
みのり農園　80
農事組合法人　アイガモの谷口　82

川﨑農園 84
やなもり農園 86
下関 川棚温泉ロハス農園 88
株式会社 ミライエｆａｒｍ 90
近藤農園 92
ピー・ジー・エス 株式会社 94
株式会社 三豊セゾン 96
（農）無茶々園ファーマーズユニオン天歩塾 98
オーガニック・ナガミツファーム 100
合同会社 ファーベ（ファーベ農園） 102
松本農園 104
株式会社 グッドリーフ 106
有限会社 伊万里グリーンファーム 108

果物

株式会社 アグリスリー 110
おかもと梨園 112
有限会社 いちごの里 湯本農場 114
いちご屋くろべえ 116
萩原苺農園 118
株式会社 早和果樹園 120
株式会社 小林果園 122
カネケンフルーツ農園 124

有限会社　大橋さくらんぼ園 126
有限会社　萩原フルーツ農園 128
保命園 130

畜産

農業生産法人　黒富士農場 132
東富士農産　株式会社 134
有限会社　仁光園 136
有限会社　那須ファーム 138
横田ブロイラー 140
株式会社　みやじ豚 142
有限会社　冨田ファーム 144
有限会社　ファームデザインズ 146
有限会社　藤井牧場 148
株式会社　秋葉牧場 150
有限会社　小林牧場 152
有限会社　グリーンハートティーアンドケイ 154
有限会社　大山牧場 156

その他

有限会社　アグリクリエイト　東京支社 158
ミズノ・ソイルプロデュース 160

庄司 小右衛門（薬膳御用達米本舗）

ごはんは一番身近な健康食品です。という考えで農薬や化学肥料に頼らない米づくりをしています

農業へ従事するきっかけ

私で15代目なので、当然というか自然な流れで就農しました。

こだわり、セールスポイント

生き物の生命力を高めるＦＦＣ農法を取入れ、ミネラル豊富で活力のある稲を作り、食べた方が元気になるような米づくりを目指しています。

平成10年から特別栽培米の生産に取り組みました。又、平成12年には米・食味鑑定士の資格を取得し、平成13年には山形県からエコファーマーの第一号に認定されました。

特別栽培米として収穫されたお米は、遠赤外線乾燥機を使い食味モードで丁寧に仕上げ、光選別機、フルオート籾摺り機等の設備で品質に磨きをかけて出荷しています。

低温倉庫で玄米を保管し、品質低下を防ぎます。精米は低温精米機や色彩選別機、仕上げ精米機等の設備で美味しさを逃がさないよう丁寧に精米します。

現在の日本の農業をどう見ているか

生産における機械や資材などのハード面は充実していると思いますが、食育などのソフト面はまだまだこれからだと思

ミネラル分が豊富な稲（左）は、塩害の被害を受けにくい

います。

カロリーや栄養面、食物成分の機能等が注目されていますが、毎日食べる物で1週間後、1ヵ月後あるいは半年後の身体が作られていることが忘れられているように感じます。

質のよい食べ物で作られた身体と粗悪品で作られた身体では、後々の維持費（医療費）に大きな違いが出ると思います。こうした情報発信が生産現場から出て来ると自給率も上がるのではないでしょうか？

過去から現在まで最も苦労した点

20代の頃に酷い蕁麻疹に罹り、一切の肉類を禁止されました。さあ何を食べようかと思っているときに自分で作っている米くらいは美味しく、又農薬や化学肥料は半分以下に減らそうと思い立ちました。

美味しさを追求し、農薬や化学肥料を半分以下にするというのは二兎を追うような難しさがありました。数多くある資材の中から自分の田んぼに合った物を探すために試行錯誤を繰り返しました。

有機肥料はホルモン剤を使っていない醗酵された物が必要ですが、探し出すのに数年かかりました。稲自体を健全にするための素材に、パイロゲン等の健康飲料を始めとしたFFCテクノロジーと偶然に出会い、採り入れることにしました。

その結果、農薬に頼らなくても異常気象にも耐える稲となり、また豊かなミネラルによって味わい深いお米となりました。

今後のビジョンについて

米に限って言うと、健康に関わる物とカロリー供給に関わる物に分かれると思います。

前者は農薬や化学肥料を制限した特別栽培米をはじめとしたJAS有機米や健康機能性米（スギ花粉症緩和米・高血圧対策米・糖尿病予防米・コレステロール低下米等々）。

後者は一般栽培による主食用米や飼料米等が当たると思います。

イメージとしては、健康産業とエネルギー産業に分かれるのではないかと考えています。

親子二代で健康な米の生産に取り組む

社名	薬膳御用達米本舗
会社・農園所在地	〒997-1321 山形県東田川郡三川町三本木47
代表者名	庄司　小右衛門
連絡先	TEL：090-1066-4181 FAX：0235-66-3576
問合せ先	担当部署（役職）： 担当者： TEL： FAX： E-mail：yakuzen@agate.plala.or.jp
生産商品名	ひとめぼれ（水稲）

黒澤 信彦（農業生産法人 ㈱ 黒澤ファーム）

「生きることは食べること」生きている土づくり、息づく稲づくり

農業へ従事するきっかけ

黒澤家21代目に生まれ、物心ついた時から将来は農業をやるんだと思って育ちました。農業高校を卒業して就農予定でしたが、一度家を出たいと父親に頼み、３年間航空自衛隊で働いた後21歳で就農。

こだわり、セールスポイント

山形県南陽市で米づくりしています。ただの「主食」ではなく「主役」になる米を作りたい。そんな思いで日々精進しています。

有機栽培・特別栽培を早くから手掛けてきました。安全安心は当たり前の中で、どうすれば差別化できるか考えてきました。新潟県魚沼産と戦える米を作らなければ生き残れないと思っていました。平成12年からは全国米食味コンクールに出品しており、黒澤ファームの代表品種である「夢ごこち」はコンクールで最優秀や金賞を受賞し、６年連続受賞しています。

米は日本の大切な文化です。食卓の主役として、私の全ての情熱と勇気を傾けて創り上げた米をご賞味ください。

黒澤ファーム本社工場

現在の日本の農業をどう見ているか

日本農業は政府の保護政策により、産業として自立できていません。補助金支給や所得補償ではない政策が必要だと思います。

そして、高齢化が進み、自給率も40％を割っています。アベノミクスの経済政策が功を奏して、大企業を中心とした業績の回復等、経済界において明るい兆しが見えていますが、農業界は、原発の風評被害、自然災害の被害や米価の大幅な下落、円安による畜産飼料の高騰等、厳しい環境下に置かれています。

過去から現在まで最も苦労した点

農業の6次化が叫ばれていますが、20年以上前から、米の産直を開始しています。作るだけでは経営が大変になると判断して、飛び込みの営業から始まりました。毎日食べる米だから簡単に売れると思ったが、これは見事に期待が外れました。東京に出かけて、一件一件ピンポンして回ったが売れませんでした。駅前でテッシュを配るように米のサンプルを配った事もありました。どうしたら売れるか悩みました。

転機が訪れたのは2000年秋田の大潟村で開催された米のコンクールで「夢ごこち」の最優秀賞受賞。これを境に米の販売は大きく変わりました。

今後のビジョンについて

農商工連携を強化し、お互いの価値を高め合う連携事業を強化していきたいです。米粉を使用した本格スイーツ・惣菜の開発、フレンチ・イタリアンなど洋食とのコラボレーションの他に、農業体験サービス商品の開発県内企業と連携して「地域ブランド」を強化し、強い農業を地域全体で作っていきたいです。

黒澤ファームの代表品種、「夢ごこち」

社名	農業生産法人 ㈱ 黒澤ファーム
会社・農園所在地	〒992 -0473 山形県南陽市池黒1495
代表者名	黒澤　信彦
連絡先	TEL：0238-40-8200 FAX：0238-40-8208
URL	http://www.kurosawa-farm.com/
問合せ先	担当部署（役職）：専務 担当者：黒澤　ちよ子 TEL：0238-40-8200 FAX：0238-40-8208 E-mail：nobu.farm@leaf.ocn.ne.jp
生産商品名	夢ごこち・ミルキークイーン・つや姫・はえぬき

須藤 久孝（有限会社　すとう農産）

「健康」の二文字を求めて、微生物と共に生きる

農業へ従事するきっかけ

イヤだった農業が、一生の仕事になったもんです。敗戦の傷が生々しい昭和21年に誕生した私は、小学入学前に父親に連れられて小学校を見に行きました。その足で中学校も見に行きました。またその足で、高等学校も見に行きました。自転車の荷台に乗せられて、2時間くらいのコースだったような記憶が残っています。

中学を卒業するころには工業立国へ向けてスピードを上げる国の姿が見え、華々しい都会の生活と四畳半。憧れの生活です。農水省外部教育機関の鯉渕学園を卒業した時は、父親は農外収入を求めサラリーマンとなり、母ちゃん、じいちゃん、ばあちゃんの三ちゃん農業でした。これを手助けするのが私の役目で、農業者としての第一歩が始まったのです。

こだわり、セールスポイント

学生時代、肥料三大要素である窒素、リン酸、カリの効果が絶大なものであり、篤農家はこれを巧みに使いこなせるとされていました。これを追いかける農薬開発で収量は飛躍的に伸びる一方、疑問を抱かせる問題点もありました。卒論のテーマであった要素欠乏が起こす、花ぶるい現象です。トマトや胡瓜の花は見事に咲くのだが、実が付く前に全て落ちてしまう。

微量要素を使用する事により克服できたのですが、そこから学び取ったのは、栄養バランスであったのです。結びとしては、種々雑多な微生物がいっぱい住む土を作ることにあります。微生物とは、小さな生きものたちです。そして命は循環します。生きた土壌から生きた作物ができ、生きた作物から人は命を頂くことに気づかされたのです。これが生命サイクル農法の始まりでした。

現在は私から息子へ、そして研究生たちへと伝えられており、これからも健康を守るための努力が続けられていきます。

合鴨たちも、田んぼでお仕事

現在の日本の農業をどう見ているか

現在の日本農業は、先行きが危惧されています。

・高齢化した従事者が圧倒的に多いこと。

・労働量の割に所得が低く、若い人達が魅力を見つけづらいこと。

また昨今においては、化学農薬化学肥料重視から改善は見つけられつつあったものの、工場野菜（完全人工栽培）なるものが見え始めています。

しかし、野菜には旬があって、体を温めるものから、夏場の暑さを和らげて体を冷やす野菜もあります。これらを利用することが健康を維持し続けられる事なのだから、自然に添った生活を心がけたいものです。

経済優先から国民の健康優先へと、国は農業政策を導いていけないものでしょうか。

過去から現在まで最も苦労した点

一旦壊してしまった土壌を元に戻すのは、想像以上に困難でありました。

父が農薬販売会社に勤めていた事もあって、ありとあらゆる農薬の入手が容易でした。それで就農一年目には殺菌・殺虫・除草剤と使用した経験があるのですが、妻が農薬の被害を受けそうになったのをきっかけに全廃し、壊れた土の修復を始めたのです。

田んぼにおいては回復が早めで、5年ほどの歳月で元の土に戻りました。ですが畑においては、ネマトーダがやたらと数が多くなり、今もって理想の土ではありません。

有機質の多投、忌避草花、雑草との混栽などと何年も続けたので、周囲の農家からは変人扱いになってしまいました。ですが反面、大変多くの消費者の方々からは嬉しいお便りを頂いているのも事実です。

今後のビジョンについて

明日に向って…

生態系を大切にすれば生きもの全てが住みやすくなり、健康の二文字が身近なものとなる。メダカやゲンゴロウ、ミミズやトンボやオタマジャクシ、こんな小さな生きもの達が住み、人々がホッと一息つける地域を作っていきます。癒しの空間づくりをします。

土作りの様子

社名	有限会社　すとう農産
会社・農園所在地	〒965-0107 福島県会津若松市北会津町和泉470
代表者名	須藤　久孝
連絡先	TEL：0242-59-1021 FAX：0242-59-1031
URL	http://sutou-nousan.com/
問合せ先	担当部署（役職）：企画・申請 担当者：須藤亜貴 TEL：080-6048-8989 FAX：0242-59-1031 E-mail：sutou-nousan@ivory.plala.or.jp
生産商品名	アイガモ栽培米

新國 文英（有限会社グリーンサービス）

会津の農家より「おいしいね♪」の笑顔と安心をお届けいたします

我が社は従業員一同、この基本的考えに沿って土作りなどの、何をどうすべきかをいつも実践しています。

農業へ従事するきっかけ

小さい頃から土いじりや植物が大好きで、二男坊でしたが、どうしても農業をやりたいと思っていました。中学校に入学するときに家族へ俺が農業をやると宣言し、普通高校卒業後、我が家に就農しました。

23歳で結婚し、父と妻と三人で農業に従事、24歳のときに経理以外の農業経営について、私が主体となり行うようになります。

32歳で近所の農家3戸と、農業機械の共同利用組合を設立。翌年に法人化して農事組合法人を登記し、会計理事として法人経営全般を担当しました。

平成15年に有限会社へ組織変更し、同時に代表取締役に就任しました。

こだわり、セールスポイント

「食」という漢字は「人に良い」と書きます。人に良い食べ物でなければ本物の食べ物ではないというのが、私と我が社の基本的な考え方です。私たち人間は、1ヶ月前に食べた食べ物で筋肉などの肉体を形作っているといいます。

健康で幸せな生活を送るためには、〝まず何を食べているか？〟がとても重要です。それには美味しいこと、安心なこと、人に良いことの3点を満たす必要があります。

美味しい、安心、人に良い農業を実践

現在の日本の農業をどう見ているか

農業は人に良い食材や食べ物を提供する、命の産業です。単に、経済効率や資本の論理だけでとらえるべきものではありません。人間の命をどうするのか、という目的に向かって日々農作業に従事するものだと思っています。

現在の我が国では、スーパーやコンビニへ買い物に行って、お金さえ払えばどんな食べ物でも手に入る、と勘違いしているお客様が大変多いように思います。もう一度、自分にとって命とは、食とは、そのための農業とは何かを、一人一人考えてみてはいかがでしょうか。

従業員一丸となってお客様に寄り添った農業を目指す

過去から現在まで最も苦労した点

2011年3月11日の東日本大震災による東京電力福島原発の、原子力災害が最大の課題になりました。

100km以上離れたこの会津の農地にも、間違いなく放射性物質は飛散して参りました。一生懸命土作りに励んできた私たちのほ場が、一夜にして放射能に占領された、そんなとてもいたたまれない心境だったのです。

経営に与えた影響も半端なものではなく、毎年赤字決算を余儀なくされています。あの災害さえなければ、と思うことも多いのですが、起きてしまったことはリセットできません。従業員一丸となって再建していくつもりです。

今後のビジョンについて

現在私は62歳です。65歳で定年退職するつもりでおりましたが、来年2016年に代表権を次の世代に、私たちの子供などに移譲することに致しました。経営状態が厳しいときこそ、また初めての経験となった原子力災害という未曾有の災害に直面しているときにこそ、若い知恵や力が必要だと考えています。

我が社は米を中心とした農業法人では珍しい、少人数私募債を活用した「お米社債」を発行し、お客様に支えられる、お客様により近い農業経営を目指しています。

今後もこの方向性を更に発展させてくれると思っています。

社名	有限会社グリーンサービス
会社・農園所在地	〒969 -6403 福島県大沼郡会津美里町鶴野辺字家ノ前甲602
代表者名	新國　文英
連絡先	TEL：0242-78-2944 FAX：0242-78-3283
URL	http://www.greenserv.co.jp/
問合せ先	担当部署（役職）：代表取締役 担当者：新國文英 TEL：0242-78-2944 FAX：0242-78-3823 E-mail：green-service@greenserv.co.jp
生産商品名	米（特別栽培米「会津米物語」コシヒカリ）

浦部 修（有限会社古代米浦部農園）

人生を変えた一粒の古代米 有機栽培にこだわり続ける奇跡の農園

農業へ従事するきっかけ

都職員時代に発病した妻のベーチェット病の食養生のため、1990年に出身地群馬へ転居し、いのちを養う米・麦・大豆の有機栽培を開始しました。

食をかえることで難病から生還した妻の姿に、食の本質とは何か、日本人の食とは何かを深く考えさせられ、稲作こそが日本農業の背骨であり、再生の要との確信を深めたのです。

試行錯誤を繰り返しながらも乾田地帯における有機栽培の技術を確立し、30haの全ほ場でJAS有機認証を取得しています。

こだわり、セールスポイント

農作物の中でもとりわけ経営的には厳しいとされる米／麦／大豆に特化した経営を行っているのは、それがいのちを養う基幹作物だからです。

在来種を選ぶのは過去から未来へいのちを運ぶため、有機栽培だけなのは大地から食べる人へいのちを届けるため。農業は産業である以前に人類の営みそのものであるとの思いから、日本の稲作の智恵を先人から伝承し、未来へとつなげていくことに心血を注いでいます。

現在の日本の農業をどう見ているか

グローバル化が進む中で日本農業は車や電気製品と同じ次元で効率を論じられ、軽んじられてきましたが、今や衰退の域を過ぎ壊滅の危機にあると認識しています。

田植えの様子

世界では人口が70億人を突破して、水と食糧の争奪戦が始まっているにもかかわらず、少子高齢化が進む日本では危機感が希薄です。農業に適した国土をもちながら目先の利益に惑わされ、農業ができない国にしてしまったら、未来世代に対してあまりにも無責任だと思っています。これからの政治の責任は重大だと考えます。

過去から現在まで最も苦労した点

土地利用型農業は始めるときに2000万円近い投資が必要になりますが、エンドユーザーと結びつかない限り回収のめどは立ちません。消費者の支えがあって続けてこられましたが、過酷な労働と販路の開拓、アルバイトで生活費を稼ぎ出す苦労は今も新規就農者の共通の壁となっています。

東日本大震災における福島原発事故では、20年かけて獲得した顧客の大半を失うこととなりました。四年の努力の結果、新たな事業展開により、ようやくその影響から脱することができてきました。

乾田地帯で有機栽培の技術を確立

今後のビジョンについて

「1．有機栽培をスタンダードな農法として確立すること」「2．助成金に頼らない農業経営」「3．血縁によらない事業承継」というスローガンを設立時からの目標としてきました。

乾田地帯における有機栽培技術を確立し、消費者と直接取引することで1と2については実現、3に向けて法人化してからは研修生育成を開始。既に11人が農業者として巣立って頑張っています。今年からはいよいよ若い世代への事業承継に向けて動き出したところです。

2020年までには実現の予定です。

社名	有限会社古代米浦部農園
会社・農園所在地	〒375-0042 群馬県藤岡市鮎川337
代表者名	浦部　修
連絡先	TEL：0274-23-8770 FAX：0274-23-8970
URL	http://shop.kodaimai.co.jp/
問合せ先	担当部署（役職）：統括マネージャー 担当者：髙田　結希 TEL：0274-23-8770 FAX：0274-23-8970 E-mail：urabe@maple.ocn.ne.jp
生産商品名	有機古代米・有機米・有機大麦・有機大豆

網本欣一（株式会社　農業舎）

生きもの田んぼを広げよう！稲が本来の力を発揮する成苗稲作！

農業へ従事するきっかけ

農地を持つ米屋さんが「後継やらねえか」と誘って下さったのが農業を志したきっかけです。美味しいお米が食べたくて転身決意。安全な稲作をやりたくて、薬剤・除草剤を使わないでいましたが、雑草に四苦八苦していた際に、「農薬・化学肥料・除草剤を使わない太茎大穂の成苗稲作」を提唱されている稲葉光國先生に出会いました。

講習を受けて実践したときに、「稲の生理に基づく本来の稲作」を丁寧に教えて下さったので、飛躍的に栽培が安定したことから農業者としてここまでやってこられるきっかけとなりました。

こだわり、セールスポイント

稲葉光國先生が提唱する農薬・化学肥料・除草剤を使わない成苗稲作とは、稚苗ではなく大人の苗（成苗）を育て、稲の生理に基づいた農作業をすると、稲が本来の力を発揮するので草に負けずに育つ、併せて抑草作業もすることで、収量が安定確保できる技術体系のことです。

これを実施することで、薬剤を使わず、稲と生きものが共生し、多様な生きものが育つ田んぼ「生きもの田んぼ」を守り広げる活動や、田作業体験イベントも開催しています。

成苗稲作の苗、リッパ!!

現在の日本の農業をどう見ているか

全国的にV字慣行稲作に技術体系が画一化されている感がありますが、これからは成苗稲作のような、より稲の視点に立った技術体系にも着眼することが大事だと感じています。

また、より多様になった消費者ニーズや農業者の個性、地域の特徴などを反映した、様々なスタイルの農業が育たないと活性化しないと感じていて、そのために、より消費者と農業者、市場が密に繋がり、相互交流の中で共に活性化を目指すべきだと感じています。

10年かかってずいぶん米も生きものも豊かになりました

過去から現在まで最も苦労した点

稲作に転身した初期に、技術が安定していない中で、販路開拓をせざるを得ないことに苦労しました。

農家兼米屋であったので、他農家さんのお米を販売させていただき利益を何とか確保していましたが、もし農家一本だったなら生活が難しかったと感じます。

今後のビジョンについて

美味しく安心なお米を届けることはもちろんのこと、生きもの田んぼを守り、育て、広げ、地域社会の環境や資源の保全に貢献できる会社になることです。

「多様な生きものが稲と共生している環境」の重要性を商品やイベントなどを通して周知し、生きもの田んぼを守りながら経営も成り立つ一つのモデルになり、少しでも新規に農業を目指す若い人達の参考になるように、多角的な活動を行っていきます。

社名	株式会社　農業舎
会社・農園所在地	〒345-0014 埼玉県北葛飾郡杉戸町才羽1288-2
代表者名	代表取締役　網本欣一
連絡先	TEL：0480-38-3112 FAX：0480-38-4515
URL	http://r3-eco.jp/
問合せ先	担当者：網本朝香 TEL：同上 FAX：同上 E-mail：kin.ami@r3-eco.jp
生産商品名	欣の香り（よろこびのかおり）

近正（こんしょう） 宏光（ひろみつ）
（越後ファーム株式会社）

中山間地域の稲作（里山）再生と篤農家の高い技術の継承のために

農業へ従事するきっかけ

代表（近正）が当時勤めていた不動産会社のオーナーからの突然の農業（稲作）参入命令により、新潟出身という理由だけでプロジェクトリーダーになってしまい、嫌々ながら従事することになりました。

山（棚田）のお米の美味しさに気付くのと同時に農家が憂いていること、限界集落が抱えている問題を解決したいと思い今では人生を賭けています。

こだわり、セールスポイント

自然農法（有機肥料さえも施肥せず、清水のかけ流しのみで栽培する）や有機栽培など農法だけでなく、消費者にいつでもおいしいと感じてほしいので、刈取り後の籾の乾燥を通常よりもゆっくり行い、籾保管（オーダー後の籾摺り、精米…今摺り方式）、そして雪室保管で食味が下がる夏場でも一定に保ちます。

現在の日本の農業をどう見ているか

野菜、果物は差別化を図り、競争力のある農家も多くいると感じますが、稲作においては大半が兼業農家でありながら国から補助を受けている状況です。良くも悪くも保護の中で生きて

雪室保管で食味が下がる夏場でも一定に保つ

おり、競争力がない結果となっていると感じています。

最終的には消費者にツケが回っている状況と感じています。

過去から現在まで最も苦労した点

いくつもありますが、先ずは作付する圃場を確保することでした。

新潟出身とはいえ、いったんは東京に出たよそ者です。地域社会に溶け込むことが先決でした。また最初は悪い条件（作業性）から預かることが多い点も苦労しました。

何よりも販売することが大変でした。


農家って格好良い、農家になりたいって思われる職業にしたいと語る近正さん

今後のビジョンについて

米をコメのまま食べることはありません。炊いてご飯にするわけですから、いかに美味しく召し上がっていただくかを追究します。

また、日本のソウルフードである米を作ることで会社が利益を出し続け、継続性のある事業を達成します。それが雇用を創出し、米を農家を未来に繋ぐことだと思います。

農家って格好良い、農家になりたいって思われる職業にしたいと思っております。

社名	越後ファーム株式会社
会社・農園所在地	〒959-4418 新潟県東蒲原郡阿賀町野村1751-1
代表者名	中野　芳男
連絡先	TEL：03-3527-1788 FAX：03-3527-1789
URL	www.echigofarm.com
問合せ先	担当部署（役職）： 担当者：近正宏光 TEL：03-3527-1788 FAX：03-3527-1789 E-mail：konsyo@echigofarm.com
生産商品名	米（コシヒカリ・27年よりミルキークイーンが加わる）

笛木 守（有限会社　いなほ新潟）

安心・安全で「美味しい！」と言われるお米を作るために全力で取り組む

農業へ従事するきっかけ

私は男ばかり三人兄弟の末っ子でありましたが、兄二人が県外で就職し、一人くらいは親の面倒を見なくてはと思って父親のやっていた農業を継いだことが、農業を始めるきっかけでした。しかしながら、私はその時農業をやりたいという気持ちはほとんどありませんでした。そんな気持ちのまま、ある時手首を切るけがをし、左手が思うように動かなくなり、「これでは農業はできないな」と思っていました。

その頃田植え機が農業で取り入れられ、親には大反対を受けましたが、いち早く機械植えを導入しようと考えました。機械を導入してからは、今まで父親がやってきたやり方は通用しなくなり、全てお前に任せると言われ、肥料設計から作業工程まで自分ひとりで行いました。その中で「農業は面白い。恥ずかしいことなど全くない」と気付き、そこから農業にはまり込んでいきました。

一番に思うことは「農作物は自分が一生懸命育てれば、それだけのものを返してくれる」ということです。

こだわり、セールスポイント

私がお米を育てている南魚沼地方は、標高二千メートル級の山々に囲まれた盆地で、冬には二～三メートルも積もる豪雪地帯であります。そのミネラル豊富な雪解け水と盆地という地形のために、夏には昼夜の温度差が大きくなります。それが美味しいお米を作りだしてくれるのです。

より美味しく安全なお米を育てるために、自分たちでこだわりを持ったボカシ肥料を作り、農薬や化学肥料を使わない有機栽培を始めました。また、私たち農業者が農薬や化学肥料を使わないことで河川の水を少しでも守ることが出来れば、都市で生活する消費者が毎日使用する水道水を守ることができます。このコミュニケーションが出来ることにより、都市生活者から日本農業を理解してもらえると考えています。

田んぼの草取りの様子

現在の日本の農業をどう見ているか

戦後の日本農業は、食糧不足から、化学肥料や農薬に頼った増産一辺倒であり、日本の高度経済成長がもたらした経済効率主義が、本当の意味で日本をダメにしてきたのだと思っております。

　それと政策的に見ても一貫性が無く、猫の目農政と言われた時より現在はひどい状況だと思っています。そのことが、結果的には今の農業がダメだと言われる原因になっているのではないかと考えます。私たちは政策や経済状況に一喜一憂するのではなく、本当に腰を据えて現在を見つめながら、自分の考えや思ったことに取り組んでいかなければいけないと思っております。

過去から現在まで最も苦労した点

　平成三年、私も新潟県の稲作経営者会議に加わっていました。何年も様々な人たちの話を聞き、勉強をしてきました。その中で、勉強ばかりではなく、そろそろ実践しなければ、そして今後の農業のことを考えると行政に頼ってばかりではなく、自分たちが生産した物を自分たちで販売していかなければと思い、お米の販売会社を立ち上げました。

美味しくて安心・安全なお米を生産する笛木さん

　丁度そんな時に、仲間の一人から「田んぼを買ってくれないか」という話がありました。私もこれから規模を拡大していかなければと思っておりましたので、約一億六千万円で買うことにし、二千万円の手付金で契約いたしました。しかし、最初に農地収得資金を貸すと言われたはずが、米の販売会社を立ち上げたらその資金は貸せなくなったと言われてしまい、残りの一億四千万の資金を作るため、本当に苦労をしたことが今でも昨日のように思い出されます。

今後のビジョンについて

　今の日本の経済、とりわけ農業は、消費者の米離れや、ウルグアイからの米の強制輸入、またTPPによる関税の撤廃等、本当にこれで日本農業は成り立つのかという不安の種は尽きません。

　しかし私は、今こそ自分の目指す農業を進めていけば必ずやっていけると確信しております。まずは安全で安心できる、本当に美味しい農産物を作ることです。また、環境を守ることも農業の大きな仕事だと思っております。

　世界的に見れば、必ず食糧不足の時代はやってくるのです。そういう観点で見れば、農業は決してダメな産業ではなく、人の命を守ることが出来る、とても素晴らしい産業なのです。

社名	有限会社　いなほ新潟
会社・農園所在地	〒949 -6405 新潟県南魚沼市竹俣425-2
代表者名	代表取締役　笛木守
連絡先	TEL：025-782-4102 FAX：025-782-4109
URL	http://www.inahoniigata.com/shop.html
問合せ先	担当者：桑原 TEL：025-782-4102 FAX：025-782-4109 E-mail：inaho@mars.jstar.ne.jp
生産商品名	新潟県産コシヒカリ・南魚沼産コシヒカリ

大島　知美
（株式会社　ごはん）

食は命なり　未来の子供たちのために

農業へ従事するきっかけ

農業高校卒業後、跡取りとして農業に従事していたのですが、あまりの重労働に嫌気がさして家を飛び出し、他業に従事しておりました。その後、父親の病気もあり、覚悟を決め農業に従事することになりました。

こだわり、セールスポイント

有機栽培魚沼産コシヒカリを最高峰とし、農薬・化学肥料5割減の特別栽培コシヒカリをメインに栽培しております。産地魚沼津南はお米の産地として有名ですが、更にうま味（地味）を増すために、数種類の有機肥料をブレンドしながら田畑に施用しております。

その土地土地により、使用する有機資材により、味の変化はあります。

私供は科学的にではなく、一つ一つの有機肥料が微生物によってどのように食味に変化を与えてくれるのかを、人間の舌で確認しながら栽培しております。

現在の日本の農業をどう見ているか

農業の所得低迷により農業後継者の減少は著しく、また、従事者の高齢化が急激に進んでいます。デフレの影響が色濃く残

日本橋コレド室町２　魚沼津張屋（株）ごはんアンテナショップ

り、食の低価格化が進み、付加価値というものがうすれ、なくなってきているように思います。6次化という言葉のもと所得増を目指していますが、現実は厳しさを増しています。

　ですが、人類の生命を育て、命を創っていく大切さが見直され、食の重要性が再認識される時が、必ず近い将来訪れると思っています。農業の未来は明るいです。

過去から現在まで最も苦労した点

　苦労は感じていません。ただ、難しさは感じています。高校卒業時の昭和48年頃は、食糧管理法があり、米は守られ統制されていました。その後特別栽培制度が作られ、消費者の方からの米購入証明が頂ければ一人100キロまでの販売が認められ、現在の自由販売の原型が出来ました。当時は画期的なことであり、米生産の意欲が高まるものと思われたが、その後農業団体よりの自由販売への圧力が高まり、本格的な自由販売への推進が遅れてきました。こういうことが今の農業情勢を作っているのです。

　皆を守ろうとしたことによって改革が進まなかったことが、私の苦労ですかね！

今後のビジョンについて

　私供の住んでいる津南町は、日本でも有数の豪雪地帯です。冬には日々、積雪量が報じられています。この限られた環境の中での農業には制約があり、個人農業での対応には限界があります。やる気のある農業の一本化をはかり、この地の環境を生かしたこだわり農業の6次化を更に進め、日本のみならず、全世界に発信していくことが必要です。4mの雪がもたらす環境・作物への影響は、害ばかりではありません。生産物の高食味化や、雪解け水による水質源の豊富さ、土質による地下水の多様化などを、この地でしかできない食生産、米・野菜・水産物を進めていくことが必要です。

社名	株式会社　ごはん
会社・農園所在地	〒949-8201 新潟県中魚沼郡津南町下船渡己5895
代表者名	大島　知美
連絡先	TEL：025-765-4834 FAX：025-765-5073
URL	http://www.uonuma-gohan.com
問合せ先	担当部署（役職）：代表取締役 担当者：大島　知美 TEL：025-765-4834 FAX：025-765-5073 E-mail：info@uonuma-gohan.com
生産商品名	新潟県魚沼産こしひかり

宮内 賢一（有限会社 花水農産）

6次産業の先駆者として自社栽培の米・大豆を使った加工品製造販売、自社製造堆肥を使った特別栽培米を生産

農業へ従事するきっかけ

母親が苦労している後姿を見て育っていく中で、助けていきたいと思うようになりました。

その中で何を工夫すればよいのか、どうすればうまくいくのか研究することが面白くなり、たくさんの可能性がある農業に魅力を感じました。

こだわり、セールスポイント

ここ魚沼十日町は魚沼産コシヒカリの大生産地ですが、弊社では山間に囲まれた沢の米を棚田米として、信濃川流域には特別栽培米を、そして、はざかけ米など特徴のあるお米作りをしています。そして、大豆栽培とその大豆を原料にした豆腐の製造、そして地域のお客様へ農産物、農産加工品をお届けするために移動販売をしています。米ぬか、おからを使った堆肥作りをし、田畑に利用することにより、全てを無駄にしない循環型農業を目指しています。

現在の日本の農業をどう見ているか

農業の成長戦略は農産物の一次加工、二次加工にあります。

しかし、加工に取り組むには大手企業と同じ基準のハードルがあり、体力のない農業者にはスタートすらできないのが現状

特別栽培米を生産するメンバー

です。小規模でスタートしやすい規制緩和が必要だと思います。

現在問題となっているのが農地価格の下落です。農地を手放す農家に歯止めがかかっていないのが現状です。これは農産品価格の下落や後継ぎがいないことが影響しています。

政府には、最低限の価格保証をするセーフティネットを講じてほしいです。

過去から現在まで最も苦労した点

お客様第一主義を思い、農家一軒一軒を回り、農地を自社に預けてもらいました。

その思いが伝わり、現在の規模にまで成長することができました。

今後のビジョンについて

当面の目標は、安全でおいしいお米の追求による、魚沼産コシヒカリのブランド力の更なる向上です。現在、複数年計画で、肥料など施肥設計を変えた栽培体系を弊社試験圃場で研究しています。その結果から、近年、変わりつつある気象に負けない米作りを目指し、品質の向上を推し進めます。さらに、提携農家にも同じ栽培体系に取り組んで頂くことで、最高品質の魚沼産コシヒカリの生産を普及します。そして、地域全体の品質の向上にも貢献していきます。

もう一つは、みやうちの豆腐をはじめとした加工品の新商品開発です。地域のお客様のニーズにあったもの、ギフトなどのより付加価値を付けたものなど、「本物を作る」をモットーに取り組んでいきます。

そして、地域経済を豊かにできる農業を目指して新しい取り組みにチャレンジしていきます。

豆腐など加工品製造のスタッフ

社名	有限会社　花水農産
会社・農園所在地	〒949-9616 新潟県十日町市中条乙667
代表者名	宮内　賢一
連絡先	TEL：025-752-3782 FAX：025-757-0984
URL	http://www.hanamizunousan.co.jp
問合せ先	担当部署（役職）：総務部 担当者：宮内　未来 TEL：025-752-3782 FAX：025-757-0984 E-mail：m-ken627@coral.ocn.ne.jp
生産商品名	魚沼産コシヒカリ・みやうちの豆腐

川原 伸章（有限会社　川原農産）

農業を通じて一つでも多くの笑顔の生産を目指す

特に微生物の力を活用し、農薬や肥料を科学的なものからより自然のものへとシフトしていきたいと考えています。

お米も、種籾の殺菌消毒は行わず、酵母菌の酵素でコーティングして、より病気に強い苗を育てるように心がけています。

微生物の力によってより自然な、より美味しいと求められる農産物を育てていくことを目標として日々頑張っています。

農業へ従事するきっかけ

農家の跡を継ぎたくないと思っていた学生時代、食品メーカーで研究職がやってみたいと漠然と思っていました。卒業後、腰を曲げた祖母が急な斜面で作業している姿を見て、「自分だけ好き勝手していいのか？」という罪悪感にかられ、実家に戻り家業に就きました。

「人の為＝偽り」というのは呼んで字のごとくです。農業は自分がやりたいと望んだことでなかったため、面白くなく、半年ほどはやる気もなく、だらけた生活を送っていました。

繁忙期に入り、地主さんから「あんちゃん帰って来て良かったわ。こんで私ら安堵したぁ～」と声をかけて頂いたり、市場の専務からは「よぉ～来た！さぁ、ここに置け！」とど真ん中に場所をつくって頂いたり、自分が求められていることを強く感じて、本腰を入れようと決意しました。

こだわり、セールスポイント

弊社では、特別な栽培方法をとっているわけではありません。作物たちの成長を見ながら、声なき声を受け取って、如何に気持ちよく育ててやるかを考えながら、お世話するやり方です。

また、出来る限り自然の力を活用しながら育てるように心がけています。

お米は種籾の殺菌消毒は行わず、酵母菌の酵素でコーティングしてより病気に強い苗を育てる

現在の日本の農業をどう見ているか

変革の時を迎えていると思います。

ＴＰＰ参加によって、日本国民の食が脅かされ、今後益々農業の重要さが増すと考えています。安価な輸入農産物によって国内農産物が打撃を受けることが問題なのではなく、ＩＳＤ条項によって自国の法律が捻じ曲げられてしまうことが大問題です。

多国籍企業の利益のためだけに、遺伝子組み換え農産物が隠されて市場に出回ることが想定されます。

経済が重要なのではなく、人が生きること、命を繋ぐことが重要であり、そのための食は、私たち農家がどのような農業をしていくか、揺るがない方向性を持って活動することが、今後重要だと考えています。

微生物の力によってより自然で美味しい農産物を生産・販売

過去から現在まで最も苦労した点

親子間の意見の相違でした。自分の手がけた商品に、自分で値段をつけることの出来ない農業をしていたのでは、いつまでも苦しいままです。コストダウンさせる努力は常に必要ですが、原価割れを起こす価格で市場価格が推移している状況では継続した農業は行えません。

作れば売れた時代の父の農業のやり方と、多種多様なニーズのお客様の声を受けながら、科学的な農薬や肥料を減らしたい私の考え方は常に衝突してきました。

親子間の問題は、ともに経営者である限り永遠に続くものだと考えています。

今後のビジョンについて

自社の農業においては、微生物を活用した農業の形を作り、より喜んでいただける農産物を育てていきたいと思います。

地域農業においては、新しい血の受け入れを行ない、ともに将来この奥能登で根ざす農業経営者の育成を行いたいと思っています。

私たちは、自分たちだけで農業を行っていけるとは思っていません。周りに小農家・中農家、大農家と様々な農業経営体が生きている環境があって、初めて継続できると考えています。

農業をやってみたい、やりたいと考える人、能登に移り住みたいという人を微力ながら応援・支援することで自分たちの理想とする農業のカタチが出来上がると考えています。

社名	有限会社　川原農産
会社・農園所在地	〒928-0214 石川県輪島市町野町佐野へ部28番地
代表者名	川原　伸章
連絡先	TEL：0768-32-1717 FAX：0768-32-0832
URL	http://www.kawaranousan.com/
問合せ先	担当部署（役職）：代表取締役 担当者：川原　伸章 TEL：0768-32-1717（携帯090-8702-2132） FAX：0768-32-0832 E-mail：info@kawaranousan.com
生産商品名	奥能登米（コシヒカリ・能登ひかり・ゆめみづほ、新大正糯）

金崎 隆（金崎さんちのお米）

お米のソムリエが選んだ金賞受賞米、信州飯山産コシヒカリを農家より直送します

数々の賞を受賞し、国内最大のコンクールである米・食味分析鑑定コンクール総合部門において金賞を受賞し、お米のソムリエから「日本一おいしいお米」とお墨付きをいただきました。また、平成13年には皇室新嘗祭献穀米として選定され、皇室に献上された実績もあります。

その粘り・ツヤ・甘みは絶品で、冷めても、また温め直しても美味しい高品質米です。

農業へ従事するきっかけ

もともと実家が水稲専業農家であり、私は長男だったため、いずれは家業を継ぐことになるだろうと漠然と考えていました。

しかし、農業は価格が不安定で、厳しい自然との格闘も多く、仕事として成り立たせるのは厳しいという観点から、両親には、農業ではなく安定した公務員等の職業に就くようにというアドバイスを受けていました。

学生時代、当時は米の流通は国の旧食料管理制度の法の下で支配されていたため、実際の米農家は、自分が作ったお米が何処に行き、誰が食し、どういった感想を持つかなど、まったく知ることはありませんでした。農家がそんな大切なことも知らないという米流通形態に強い疑問を持つようになりました。

しかし、やり方次第では無限の可能性を持った職業であることを確信し、期待を胸に大学卒業した年の春、家に飛び込むように就農しました。

こだわり、セールスポイント

新潟県魚沼地区と隣接する雪深い信州最北端の地で、湧き水と雪融け水を使って育てています。肥料の投入量を通常の約半分にし、収穫時期を通常より約10日早めるという、本来は収穫量が減ってしまうため、他では敬遠される斬新な農法により栽培しています。

現在の日本の農業をどう見ているか

農産物価格が軒並み右肩下がりで下落を続けている今日、農業はとても魅力のない産業に変わってきていると痛感しています。その証拠に農業後継者不足があげられます。

儲かる職業であれば、黙っていてもみんなが飛びつくところですが、今はまったくその気配も感じられません。現在、農政で進めているIターン新規就農者育成も残念な

楽しくやりがいのある職業を目指す

がらまだ軌道に乗っていないのが現実です。

ただ、「農業」は食料を生産するとても重要な産業です。日本では今、飽食の時代を迎えており、年間何万トンもの食べ残しがある一方、世界規模でみると食料難という深刻な問題に直面していることも事実です。

近い将来、農業は必ず脚光を浴びる産業になりうることは間違いありませんが、今はそのときまでじっと耐えている、そんな時代になっているのではないでしょうか。

過去から現在まで最も苦労した点

就農してすぐに旧食管法が廃止され、米農家の作る自由・売る自由が認められました。米の流通形態に強い疑問を持っていた私は、消費者への直売を真っ先に思いつき、販路開拓に邁進してきました。

農家は皆、「オレの作ったものが一番うまい！」と口を揃えて言います。そこで、他のお米と、自分が栽培したお米の違いや特徴等を自分なりに整理し理解した上でＰＲすることの重要性を学びました。

さらに、特別栽培農産物、県のブランド米認定申請を他より早く行ない、数々のコンクールにも積極的に出品して第三者評価を得ることにより、ブランド化を図ってきました。

これにより付加価値が高まり、価格競争による販売を回避し、納得のいく取引ができるようになったのだと思っています。毎年少しずつ積み上げてきた結果、現在のブランド確立まで20年余の歳月が流れました。

今後のビジョンについて

今、少子高齢化やＴＰＰ等諸問題が私たち農業者にとっての脅威となっています。世の中の流れから、海外の農産物が日本に入ってくることは避けられない状況となっているのは事実です。

ただ、今までのアメリカ産牛肉やリンゴ等を例にみてもわかるように、海外からの流入により国内シェアは縮小されることはありますが、一定の知識ある消費者は国産を選び、それなりに国産農産物の需要は見込まれるものと考えています。

そんなシビアな時代にあえて選ばれる、他には絶対に負けない高品質の商品づくりに今後も努力を重ね、ブランド化を通して「金崎さんちのお米」をもっと多くの消費者の目にさらす機会をつくりたいと考えています。やり方によっては、今よりもっと楽しくやりがいのある職業になると思っています。

皇室新嘗祭献穀米にも選定された実績を持つ

社名	金崎さんちのお米
会社・農園所在地	〒389-2411 長野県飯山市豊田803
代表者名	金崎　隆
連絡先	TEL：0269-65-2639 FAX：0269-65-2800
URL	http://www.kanazaki-okome.com/ http://www.iiyama-catv.ne.jp/~kanazaki/
問合せ先	担当部署（役職）：代表 担当者：金崎　隆（かなざき　ゆたか） TEL：090-1032-1892 FAX：0269-65-2800 E-mail：okome@kanazaki-okome.com
生産商品名	金崎さんちのお米

中道 唯幸（中道農園）

琵琶湖のほとりでカエルやトンボ、水鳥など多種多様な仲間と共に!!
山形県のお米コンテストで金賞受賞

農業へ従事するきっかけ

大阪の門真市で先祖代々農家一筋の家に生まれ、親父の背中に憧れて農業を志しました。

１９７０年に都会化が進む街を離れ、琵琶湖のほとりのこの地に移住し、自然と共存し、産業として自立した近代的農業を目指しています。

こだわり、セールスポイント

ブルドーザーのようにまい進する親父が、突然の高熱で寝込み、病院に行くと医者から「農薬中毒だ！」「農薬を触らない以外に対処法はない」と言われました。それから僕が農薬散布担当になりました。

ところが、自分もやがて農薬中毒になり、このままでは自分の命も危ないと感じ、先進農家の助けを求めました。

農薬をたくさん扱う可能性のある、大型農家はどうしているのか？そこで、北海道のおじいちゃんに出会ったのです。

おじいちゃんは「自然の力、土の力、作物の力を信じ、それを最大限に引き出し、丈夫で元気な作物を作りあげなさい！」と。

そして、「農民が作物を愛するだけでは足りない」「自然や作物が、農民を愛してくれるようになりなさい。」と教えてくれました。

大事な事は「農業の基本」の中にあったのです。

これ以降、迷う事なく自然を味方に出来る農家になるようにと意識し、農薬を減らす努力をし、今の無農薬の技術を習得しました。

さらに、おじいちゃんに教わった事を忘れず、病気や虫に強い稲を育てる技術を習得し、それが結果として、食味向上にもつながっている事にも気づき、今もさらなる食味向上の勉強に力を入れています。

そして、おじいちゃんから教わった事が少しずつ実現できたのか、私たちの無農薬の圃場にはたくさんの水鳥やトンボなど仲間がいっぱいです！

現在の日本の農業をどう見ているか

農産物価格の下落などにより、生産現場の活力が激減しているといわれていますが、逆に私は農業改革のときが来たと考えています。

自然との関わりは当然ながら、街の人たちとのコミュニケーションを大切にし、消費者ニーズにあった農産物を提供することができれば、若者にも魅力ある農業が実現できると考えています。

過去から現在まで最も苦労した点

無農薬の技術を手に入れようと決意してから、経済的に成り立たす見通しがつくまでの10年近くは本当に大変でした。頑張っても頑張っても草は生えるし、せっかく収穫できたお米も売り余す状況でした。

今は有機栽培している仲間とお互いに困っていることについて情報交換をしつつスキルを上げ、おかげさまで毎年ほぼ売り切れるだけのお客様からのご注文をいただけるようになりました。

無農薬田んぼで獲れたお米はネットを通して全国の皆様へ

今後のビジョンについて

自分の体を守る為にはじめた無農薬栽培なのに、多くの仲間やお客様が応援してくれたり、先生や先輩を紹介してくれたりと多くの人にお世話になっています。

この恩は量・質ともになかなか返せるものではないのですが、有機仲間を増やし、誰でも比較的簡単に無農薬のお米を作る技術を確立したいと考えています。そうすれば、無農薬のお米はもっとお客様にとって買いやすい値段になり、有機無農薬のお米や農産物が普通に食される時代が来ると期待しています。

社名	中道農園
会社・農園所在地	〒520-2422 滋賀県野洲市比留田2458番地
代表者名	中道　唯幸
連絡先	TEL：077-589-2224 FAX：077-589-3302
URL	http://www.ocome.com
問合せ先	担当者：中道　唯幸 TEL：077-589-2224 FAX：077-589-3302 E-mail：tanbo@ocome.com
生産商品名	無農薬JAS有機認証取得米

中津隈　一樹（株式会社　農樹）

持続可能な農業経営の先に、飢餓のない世界を目指す 株式会社農樹　企業理念

農業へ従事するきっかけ

エンジニアとして海外の農業開発に携わっていた父親が、衰退する農業界に一石を投じたいと就農し、裸一貫から「農樹」を育て上げた想いは、二代目である私にも受け継がれています。

私自身は、農業とは全く別の医療の道に進んでいましたが、大学在学中の4年前、東日本大震災が起こり、コメを救援物資として輸送する中で、農業の尊さと現代農業の危機に気付き、大学を中退、就農し今に至ります。

また、海外の路地裏で出会った痩せたストリートチルドレンや赤ん坊、その母親との出会いにより、「農業で飢餓のない世界を目指す」と志を新たにしました。

こだわり、セールスポイント

現在、生産したコメを全量自社で商品化、自社ブランド「農樹コシヒカリ」として日本橋三越本店や新宿伊勢丹本店を始めとする百貨店各店、通信販売でのお客様への直売などで展開しています。今年に入り、台湾への輸出も始まり、更に販路拡大しています。

自身の手で育て上げた作品（コメ）を自身の手で商品化、農協や商社を通さず流通させること。それが、お客様の信頼や安心に繋がり、弊社商品の付加価値になっていると感じます。

現在の日本の農業をどう見ているか

儲からない、後継者がいない、と愚痴ばかりで行動しない印象が強いです。高級百貨店との取引や全国にお客様がいる現在の状況は、ここ4年の話です。足を棒にして歩き、頭も下げて販売努力をしてきました。

今年3月には農業に志を持つ新入社員を迎えました。

社会や時代のせいにせず、行動すればチャンスは転がっています。それをせずに愚痴をこぼすだけでは、農業に志を持つ若者も現れないでしょう。

農を生業にするから農業。素晴らしい技術を持つ日

「農樹の様な仕事をしたい」と次世代の憧れとなる存在を目指す中津隈さん

本農業の従事者一人ひとりが、経営者である自覚を持ち最善の努力をすることが大切だと思います。

過去から現在まで最も苦労した点

３６５日、不安との戦いです。現場の状況、商品の売行、経営状況など尽きません。

しかし、20年前、両親が農樹を立ち上げた当初は35ａの圃場一枚からのスタートでした。生活苦で、コメのみならずパンも作り、早朝から夜遅くまで働き詰めの生活でした。

その最低の状況から農樹を育て上げた両親を見て育っているからこそ、この先どんな苦労があっても愚痴を洩らさず戦っていこうと思っています。

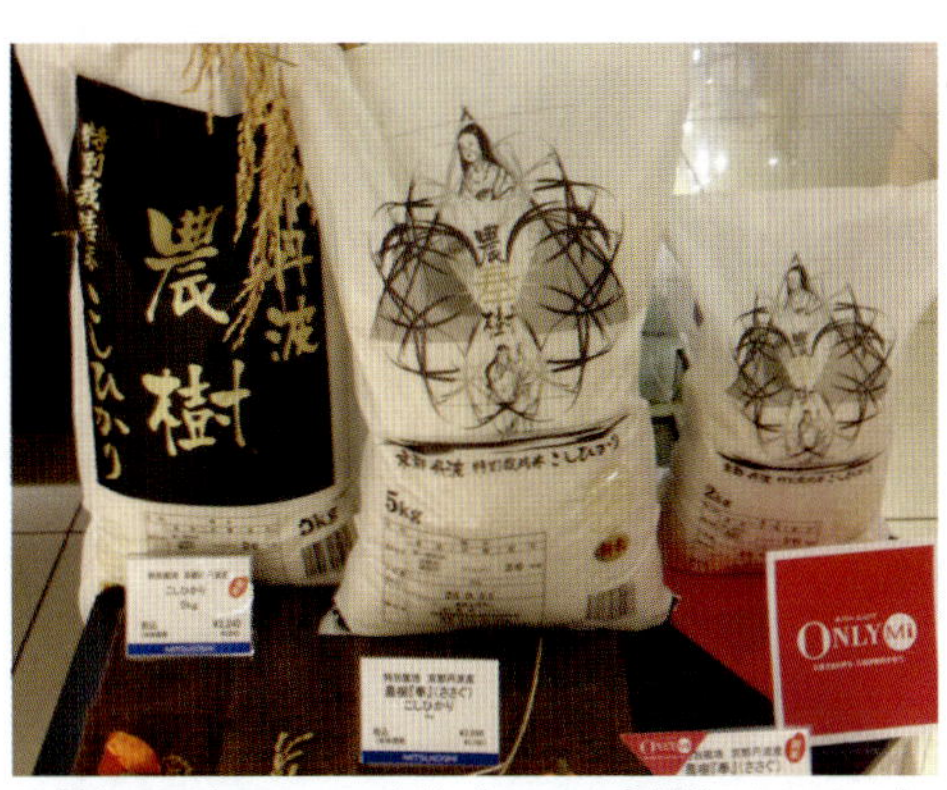

百貨店で販売している自社ブランド「農樹コシヒカリ」

今後のビジョンについて

弊社の農業生産技術と経営スキルを持ち込み、海外での生産を行いたいと考えています。

農村単位で、生産技術教育から販路コーディネートまで行い、農業を立派な産業とした、将来に渡って持続可能な潤いのあるコミュニティを作ること。現地の人々の雇用の創出と、農業従事者の収入安定、食料の安定供給を目指します。

飢餓のない世界を目指すという志のもと、ビジネスとして成立させたいと思います。

勿論、国内での生産活動も大切に、自社商品を武器に「農樹」を誰もが知るブランドにするべく動いています。「農樹の様な仕事をしたい」と次世代の憧れとなる農業経営体のモデルケースとなり、その輪が世界中で拡がり、未来へ繋がっていくことを目指します！

社名	株式会社　農樹
会社・農園所在地	〒623-0362 京都府綾部市物部町南前田20番地
代表者名	中津隈　一樹（ナカツクマ　カズキ）
連絡先	TEL：0773-49-1813 FAX：0773-49-1814
URL	http://nohju.jp/
問合せ先	担当部署（役職）：代表取締役 担当者：中津隈　一樹 TEL：0773-49-1813　090-2069-9283 FAX：0773-49-1814 E-mail：k-nakatsukuma@nohju.jp info@nohju.jp
生産商品名	農樹　京都丹波産特別栽培米コシヒカリ

小島 昭則（中谷農事組合法人）

驚きの粘り!環境保全型農法　スーパー減農薬
コウノトリ舞い降りるコシヒカリ

農業へ従事するきっかけ

27年前の大規模圃場整備事業を機に、兵庫県豊岡市中谷地区の33の全農家が将来の農業に危機感を持ち、夢を持って30ヘクタールの一集落一農場の組合を設立しました。

まもなく、将来を見据えて、環境に配慮して生き物を育む、耕畜連携の循環農法、人と自然が共生できる独自農法のブランド米／コウノトリ舞い降りるコシヒカリ六方銀米に着手しました。

また、平成17年、環境を整えて農業の改善を共に推し進めた豊岡市は、特別天然記念物の幸せを運ぶと言われているコウノトリを野生復帰させることに成功。今では、世代を超え、全国の消費者にリピーターとなっていただいて、お客様からのたくさん届く喜びの声を励みに、米作りをしています。

こだわり、セールスポイント

コシヒカリ六方銀米の美味しさの秘密は、肥沃な重粘土質、安心安全なお米づくりにふさわしい土作り、自然の生き物との共生できるように考えた独自農法、乾燥調整の水分調整、保管精米の方法にあります。中谷の村のみんなのお米に注ぐ愛情が粘りと甘さを生み出しているから美味しいのです。豊岡でないと、私たちでないと生み出せない安心安全の味です。

無農薬や減農薬9割スーパーコシヒカリ六方銀米の栽培、麦、大豆の2年3作の効率的な農業で、お客様にもお求めやすくなっております。また、農産物検査員も4名常駐し、色彩選別機に加え、最新遠赤乾燥機3基、金属検出器を導入済みで、袋も品質保持を意識した材質で迅速丁寧に出荷でき、お客様におすすめしています。

現在の日本の農業をどう見ているか

TPP問題などの自由化の波や、その他温暖化などの環境要因による不作、米価の低下が懸念されている一方で、すでに個人農業者は、従事する方々の高齢化や後継者難で圃場を維持できなくなる状況におかれています。

国の農政は、法人化、集約化して国土を守り、自給率を上げるメニューを用意していますが、まだまだ予測不可能な状況が続き、むやみに規模拡大をすることは危険だと感じざるを得ない状況です。

いずれにしても、憂いているばかりではなく、具体的に対応策を

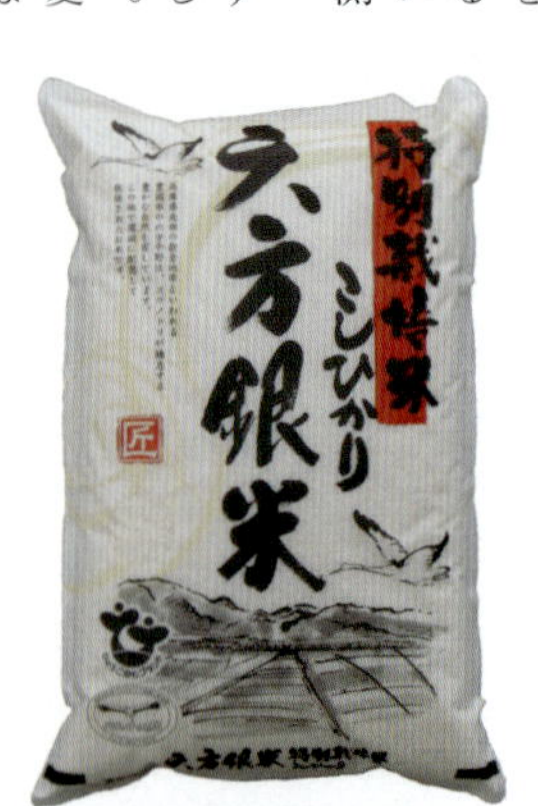

独自農法で驚きの粘りと甘さを持つ六方銀米

考え、チャレンジする。どちらにしても経営が可能となるようにコントロールするバランス感覚を具備し、対応力を磨いてスピード感覚を身につけることが必要だと感じています。

過去から現在まで最も苦労した点

やはり、27年前の一集落一農場で組合組織を創るときです。集落営農という実体が全国でも数えるほどしかない時代に、全員参加にこぎつけるための、村のみんなの気持ちを一つにする作業です。また、結成後の個人ごとに異なる作業方法の統一、標準化作業やオペレーターの確保も挙げられます。

他には、平成16年の台風で一級河川円山川が決壊し、事務所も設備も農機具もお米も冠水してしまったときの復旧再出発の苦労もあります。

乗り越えられた背景にあったのは、中谷の結束力。校区単位の地区対抗運動会でも40回中33回優勝する程、結束力が強いのです。こんな風に乗り越えられる力を培ってきているから、ここまで来られたのです。

今後のビジョンについて

現在、土地利用型農業で中谷の管理する圃場は64ヘクタールで、東京ドーム約13個分の面積。グーグルアースでも、近隣の圃場とは一線を画した整備された圃場で作業しています。

中谷には、組合設立の時点で将来の夢を当時の子どもたちが描いた畳大の絵があります。文字で書き上げてあるわけではありませんが、そこには、みんなで村をつくり、人をつくり、未来をつくるパワーが感じられます。そんな夢を、未来を、経営基盤を整備しながら、毎日のようにコウノトリが田んぼで餌取りをする環境を、村のみんなで力を合わせて次世代に繋げます。

団結力で一集落一農場の組合を実現

社名	中谷農事組合法人
会社・農園所在地	〒668-0874 兵庫県豊岡市中谷133-1
代表者名	小島　昭則
連絡先	TEL：0796-24-0758 FAX：0796-24-0758
URL	http://nakanotani.com/
問合せ先	担当部署（役職）：理事 担当者：木下義明 TEL：090-5242-7940 E-mail：info@nakanotani.com
生産商品名	減農薬率９割・特別栽培米コシヒカリ・独自ブランド六方銀米

木村 節郎（楽笑共生ネットワーク　百姓・木村）

生かされ方としての農　百姓の世界　楽笑共生生活

農業へ従事するきっかけ

大学の頃パフォーマンスアートの世界で本気で遊びました。

金銭を稼いで暮らすこと、表現することの二重生活に疑問を感じ、毎日が新しい出会いと発見の出来る暮らし方、新しい自分が見える生き方、生かされ方を探しに放浪の旅に。インド、ネパール、ケニア、ウガンダ、タンザニア、パキスタン…電気も来てない所もいっぱいありました。生きることだけの地域を巡る旅。

自分で時間をコントロール出来る生、「百姓として暮らそう」とパキスタンの奥地で思い、帰国しました。お金は無くても、赤字でなければ毎日がペンション暮らし!!年収2～3億の暮らしは出来てるよ。楽天的発想でスタートしました。

こだわり、セールスポイント

自然がはぐくむ仕組みに人間も入る。人は稲を作れません。稲は稲が生み、育つのです。子孫を残すために。その中で人は育てやすい環境を整えること、手伝いができることです。

その中で多くのもの（いろんな生き物）が心地よく暮らせる仕組み探し。自然の構成の絶妙さに、共生という生かされ方に氣づくことの出会いの場。

いろんな力の働きの絶妙さ。いろいろな氣づいたことを自然の恵みと共に、みんなと結びつけるお手伝い。人の心が育つための環境づくりのお手伝い。それが僕にできること。

田んぼは稲作りの場だけじゃあない。いろんな生き物、生命の響きあい。古代米田んぼアートで楽しい町に。学校田等で地域の盛り上がり。

僕を支えているのは、みんなの喜びの声。町の変わっていく様子。みんな変わっていく様子。

それを楽しんでいる日々です。

楽笑共生ネットワーク　百姓・木村

現在の日本の農業をどう見ているか

「大変だ大変だ」ばかりが聞こえてくる。大規模?付加価値?6次産業化?いくらでも勝手なこと言ってください。そんなんで良くなりゃあ、とうに良くなってますヨ?アハハ笑いが止まらん。貨幣経済、続くと思いますか?グローバル化でどう良くなりますか?お金のために働きますか?

暮らすためのお金なら田舎へおいでよ。食べるもの、住む場所、安心して暮らせるヨ!!自分で作ったら、中身全部わかってるヨ!!田舎へおいでよ、暮らすことそのものダヨ、ええヨ!!地域と共に生かされて思えるよ、活き活きと暮らせるヨ!!喜んでももらえるヨ!!

同じいただいた生命。楽しくありがたく生かされて、いただきましょう。楽笑楽笑共生生活共同体。

過去から現在まで最も苦労した点

あんまり苦労とは思わなかったけど、借地なので草だらけにはできないし、除草剤だけは使っていた時期がありました。

自分の心への苦悩、自分の心に嘘をついて言い聞かせて、除草剤を使う。微生物の世界を狂わせちゃって、いつまでたっても土が良くならないし、生育もすっきりしない。

大きな声で胸張って言えなかった。「有機です」と。アイガモ稲作はヒナから育て、電気柵、ネット張り、おどし糸張り、毎日の見回り、脱走鴨の捕物帳、引き上げ、その後の飼育、毎日の緑餌の確保、さばきに出す時の心の動揺…何かと大変で、大面積は無理でした。ジャンボタニシが増え、共生農法より水管理で除草はほぼ完璧に!!

今でもだけど、周囲の人とジャンボタニシの理解と反発があります。

古代米田んぼアートで楽しい町に

今後のビジョンについて

稲を育てること、売っていくことの仕組みはほぼ確立しました。

現在、国営圃場整備に入っています。中間管理機構を経由して、土地を借りるのに「10年間管理します」が条件でした。もうそんなに若くない女房と2人でやっていくことに限界があるので、あと5年間で引き継ぐことを条件に、仲間作りもしていきます。

「人材を育て、譲り渡し、独立して仲間を増やしていけるだけの人材を探すべ」と、実習生を探しています。持っているものの全てを伝えることをしたいと思います。後継者を育成します。体力・柔軟な頭と発想力、行動力があり、豊かな心の持ち主、行動力、忍耐力、持続力のある人、待ってます。土地も機械もあります。田布施に住んで、農のある暮らしをしたい人の手助けができる存在として、田布施で百姓になりませんか?楽しいけど、厳しくもあります。育てて収穫した分、現物支給します。売って換金して、自己設備に投資してください。

10年後には、お楽しみカフェで紙芝居やって唄っていたいな。アハハ。

社名	楽笑共生ネットワーク　百姓・木村
会社・農園所在地	〒742-1515 山口県熊毛郡田布施町上田布施2582
代表者名	木村　節郎
連絡先	TEL：0820-52-1390 FAX：0820-52-1390
URL	
問合せ先	担当部署（役職）：代表者 担当者：木村　節郎 TEL：0820-52-1390、090-2003-0690（携帯） FAX：0820-52-1390 E-mail：hyakusyou.kimura@gmail.com
生産商品名	ジャンボタニシ共生稲作（化学肥料・農薬不使用）

中野 美紀
（株式会社 coeur d'or（株式会社クールドール））

日本人の思い・技術が詰まった、最高に美味しい農産物を世界に広げたい

農業へ従事するきっかけ

祖父母が農業を営んでおりましたので、農業は身近なものでした。

大学では農芸化学の分野を学び、卒業後は食品商社に勤務しました。

世界各国に出張や旅行し、日本の美味しいものが受け入れられる市場が世界にはたくさんあることを知りました。

同時に日本国内では農業従事者が減り、人口減少で消費も落ちている現状です。

愛情を注いで育てた農地を継続させたいと思い、農業に従事しています。

こだわり、セールスポイント

出来るだけ農薬を使わない事を心がけています。りんごは袋をかけて虫を防ぎ、アスパラは近くにハーブを植えて防虫しております。

愛情込めて育てた農作物は、形状不良品も無駄にしないように、ジャムなどに加工して販売しています。

農薬を使わないので子供も安心

現在の日本の農業をどう見ているか

日本人の真面目さ、美味しさを追及する姿勢は、世界に誇れると考えております。

日本産農作物の美味しさは世界が認めています。日本人も自国内の美味しさは認めていますので、若者が農業に対して夢と誇りを持って、従事したいと思えるようになって欲しいと思っております。

過去から現在まで最も苦労した点

お陰様で祖父母のノウハウをもとに順調に栽培出来ております。

アスパラの栽培

敢えて苦労した点を挙げれば、ご注文頂いたお客様にお届けする流通の面です。今は国内販売だけですが、近々海外向けに出荷致します。品質を保ちながら、お届けできるかどうかが課題となっています。

今後のビジョンについて

私自身は、現在ベトナム・ホーチミン市に住んでおります。日本製品や日本の伝統的な料理などをこちらで販売しており、農作物を販売するルートは確保しています。

ＴＰＰが開始されましたら、すぐにでも輸出する予定でいます。自家農園産、その他の日本産品を、ベトナムを中心に広げて行きたいと考えています。

社名	株式会社coeur d'or（株式会社クールドール）
会社・農園所在地	〒999-3503 山形県西村山郡河北町岩木443-9
代表者名	中野　奈美
連絡先	TEL：0237-72-2103
URL	なし
問合せ先	担当部署（役職）：なかの農園 担当者：中野美紀 TEL：（+84）94-225-1573 E-mail：nakano.nouen@gmail.com
生産商品名	りんご・さくらんぼ・アスパラ・米

阿部 良一（有限会社 あべ農園）

「今年も、うまい西瓜ができたよ〜！」みんなで食べに来てけらっしゃい！西瓜屋の父ちゃん、母ちゃん

農業へ従事するきっかけ

開拓農家の長男として生まれた父ちゃん。当然のごとく、二代目として跡継ぎをしました。

母ちゃんは農家の長女として生まれ、男兄弟がいなかったので跡継ぎをする予定だったのだが、なぜか父ちゃんコロッと参ってしまって、嫁に来てしまったのです。

二人共、学生時代は成績も良かったのに、ビンボーだったのか、働き手がなかったのか、本人は納得しないままに、16歳から百姓になったのでした。

こだわり、セールスポイント

安全で美味しいものを作るのは、誰でも一生懸命に考えて実行していると思います。

農家に足りないのは、せっかく作ったものを売るというセールス緑化と思います。

農協を頼りすぎて、自分が作ったものに自分で値段を付けることができません。

そこで35年前、母ちゃんが直売を始めました。

「直売はいいよ。母ちゃんが元気になるよ」とあまりにも母ちゃん達に宣伝して勧めたら、自分の首を絞めることになりました。あちこちに直売所ができ、道の駅までできたからです。

今年も美味しいスイカができた

現在の日本の農業をどう見ているか

昔から見ると、労働そのものもだいぶ楽になってきましたが、他産業に比べると、まだまだ難儀な部分がいっぱいあります。難儀した分だけ、収入が多いといいのですが…。

今の農業は、キチンと勉強している人が勝ちです。世の中の動き、ものを見る目、バカでは生きていけません。

農業政策はコロコロ変わりますが、まどわされることなく、自信を持っていれば大丈夫でしょう。

過去から現在まで最も苦労した点

11月中旬～4月上旬までの冬期間。雪に埋もれて、作れるものがありませんでした。

出稼ぎの生活では、人間らしく生きられない。そこで、たらの芽という山菜を作ってみることを考えました。

35年前、雪の中にビニールハウスを建て（当時は雪の中で耐えるようなビニールハウスもなく）、たらの芽の作り方を教えるところもありませんでした。

収穫してから市場を開拓するのにも苦労しました。全国に指導して、今ではたらの芽を知らない人がいなくなりました。

世に先駆けて直売所をはじめる

今後のビジョンについて

農業政策にまどわされることなく、常に自分流のアンテナを張って、世界を見る目を勉強しなくてはなりません。

人間、ものを食べないでは生きてはいけないのだから、これからも自信を持ってがんばっていきます。

三代目の息子夫婦も、キチンと大学で勉強して跡継ぎをやっております。孫の男の子2人も、西瓜作りになると頼もしいことを言っています。

頼もしい未来の担い手

社名	有限会社　あべ農園
会社・農園所在地	〒999-4556 山形県尾花沢市名木沢1787-3
代表者名	阿部　良一
連絡先	TEL：0237-25-3785 FAX：0237-25-2146
URL	
問合せ先	担当部署（役職）： 担当者：阿部　敬子 TEL： FAX： E-mail：
生産商品名	すいか・たらの芽・米・赤かぶ（伝統野菜）

伊藤 雅史（耕す木更津農場）

アジア一の取扱規模を誇る大田市場から一番近い大規模な有機農場！

農業へ従事するきっかけ

大学時代アルバイトをしていたレストランで、野菜の美味しさを再認識し、また「食」に関わる仕事をしている人の輝きや素晴らしさに感動したのが農業を始めるきっかけです。

実践あるのみと思い、卒業後からずっと土に触れながら「農業」というものを全身で体感してきました。いつしか「この仕事は天職だ！」と思うようになりました。

こだわり、セールスポイント

有機ＪＡＳ認証圃場で、有機野菜を10品目と平飼い卵を作っています。

植物の生理生態をしっかり理解した上で、野菜がまっすぐ健全に育つことのできる環境を作るようにしています。

窒素肥料だけに偏らず、アミノ酸や炭水化物をバランス良く施用しています。また欠かすことの出来ないミネラルや微量要素を土壌分析に基づいて用いるようにしています。近年は関東で有数の有機プチベールの生産者となりました。

現在の日本の農業をどう見ているか

日本の農業という大きなテーマを語るには、まだまだ小さな農家です。もちろん日々感じることは色々とあります。

心癒される原風景を守るべく地域の希望の星をめざす

高齢で畑が出来なくなったという方から畑を使って欲しいという声を頂いたり、逆に農業をやってみたいという若い方にもお会いしたりします。その度に、しっかり生産し、販売先を確保して、この地域の田園風景を守り続けたいと強く思います。

野菜が売れて経済的に成り立つ農家が増えないと耕作されない田畑は増えてしまいます。心癒される原風景を守るべく地域の希望の星になりたいと強く思います。

過去から現在まで最も苦労した点

点在する畑で5～10品目の旬の野菜を栽培しています。その中でいかに効率よく作業をすれば良いか日々考えます。

そして、農作業自体よりも段取りに重点を置いています。天気予報を見ながら、機械の準備や必要備品を揃えたり、パズルを組み合わせたりするのが一番大変です。

一年間で一回しかない作業が数多くあるため、その一瞬にすべてをかけて日々挑戦が続きます。

関東で有数の有機プチベールの生産者に

今後のビジョンについて

しっかりとした農業の技術をもった経営者を育成していくことが大きな目標です。自分自身もまだまだ未熟ですが、情熱をもった人が仲間を巻き込んでリーダーシップを発揮していってくれると良くなると思います。

栽培の技術がないと安定的に野菜が収穫出来ません。短期間ではなくて、持続的に農家を続けて行けるように立派な農家リーダーが各地域に育って行くと農業は益々発展し、さらに熱意ある若者が集まってくるのではないかと考えています。

社名	耕す木更津農場
会社・農園所在地	〒292-0812 千葉県木更津市矢那2503番地
代表者名	伊藤　雅史
連絡先	TEL：0438-52-0470 FAX：0438-52-0472
URL	http://www.tagayasu.co.jp/
問合せ先	担当部署（役職）：営農部 担当者：伊藤雅史 TEL：0438-52-0470 FAX：0438-52-0472 E-mail：info@tagayasu.co.jp
生産商品名	有機プチベール・有機ニンジン

柴海　祐也（柴海農園）

「農とつなげる」をテーマに新しい農業のカタチを創る

農業へ従事するきっかけ

トマト農家である両親の影響と、学生時代にお世話になった様々な農家の方々から農業の魅力を学んだことです。その後、野菜専門のレストランで働いた経験を活かして、顧客やシェフと直接つながることができる直販スタイルの農園を始めました。

こだわり、セールスポイント

生産から加工、販売まで一貫して事業化していることです。生産部門では通常の野菜ボックスに加えて、カラフルな野菜を1袋に詰めあわせたサラダセットを百貨店向けに販売。

加工部門では飲食店向けの西洋野菜などを取り入れたカラフルな野菜ピクルスを百貨店向けに販売。フェイスブックやブログなど農園の情報発信にも力を入れています。

現在の日本の農業をどう見ているか

大規模化、小規模化の二極化が進むと考えています。

経営的には農業労働人口の減少を法人化による雇用で埋めていく努力と、働く人に合わせた職場を作る努力が必要だと思います。

栽培的には有機、慣行を問わず、収量、品質を向上させる伸びしろはあると思います。生産者同士の情報交換を深めると共に、異業種との協業なども積極的に取り入れることで、良い方向に向かっていくと思っています。

農業がより魅力的な産業になれるようにして、次の世代にバトンを渡したい

過去から現在まで最も苦労した点

栽培面では天候や需要に合わせた安定生産が課題でした。今でも悩みは尽きないのですが、常に15種類位の野菜が必要なので作業の組み立て方、作業配分などが非常に複雑となります。人に伝えるのも四苦八苦ですが、先輩農家に相談しつつ一歩一歩改善しています。

西洋野菜などを取り入れたカラフルな野菜ピクルスを百貨店向けに販売

経営面では新たな人材を雇用して新規事業を始めることのハードルの高さです。加工品の売り先の販路開拓は野菜とは違いとてもシビアだと感じています。

今後のビジョンについて

「農とつなげる」をテーマに消費者と直接つながるＢｔｏＣに力を入れていきます。生産から加工、販売までを一貫して手がけ、顧客のニーズを生産現場に還元していくことです。個人経営から脱却し、雇用を取り入れることで、チームとしてお互いの個性が活かせるような職場にします。

他業種との協業も視野に入れて農業がより魅力的な産業になれるようにして、次の世代にバトンを渡したいと考えています。

社名	柴海農園
会社・農園所在地	〒270 -1602 千葉県印西市松虫167
代表者名	柴海　祐也
連絡先	TEL：090-4929-8087 FAX：050-3383-4200
URL	http://www.shibakai-nouen.com
問合せ先	担当部署（役職）：代表 担当者：柴海祐也 TEL：090-4929-8087 FAX：050-3383-4200 E-mail：info@shibakai-nouen.com
生産商品名	有機野菜・水稲・加工品（甘糀ジャム・野菜ピクルス・野菜パテ・漬物）

栗原　昌則

（農業生産法人　有限会社栗原農園）

「おいしく楽しく☆野菜で笑顔に！」を経営理念に愛され、信頼される人、農園を目指しています

農業へ従事するきっかけ

料理人を目指し、調理師学校に通っていましたが、そのとき働いていたアルバイト先がとても野菜にこだわっており、食材そのものが大切なことに気付きました。実家が農業を経営していたので本気で継ぎたいと考えるようになり、農業大学校を卒業した後、父親の元、農業を始めました。来年度（Ｈ28）で９年目になり、代表取締役に就任します。

こだわり、セールスポイント

８０００㎡水耕栽培ハウスで、こねぎと20種類ほどのサラダ野菜を周年栽培。10ｈａの田んぼで、古くからの良質土壌を生かしたお米の栽培をしています。新鮮で、香りが良く、柔らかいこねぎやサラダ野菜は消費者、飲食店の方々から高く評価をいただいております。地元を中心に自社配送で野菜をお届けしているので鮮度には自信があります。葉物のこねぎやサラダ野菜は傷みやすいので、鮮度の良い状態で入手するのが難しくなっています。それを私たちは、良い品質のものを良い状態でお客様にお届けしています。

また、お米を栽培する常陸太田の旧金砂郷地区は『おいしい』の必須条件ともいえる、きれいな水、きれいな空気、もともとの良質土壌があります。その中でも田んぼや天候によって条件を見極め、バランスの良い管理をすることで、おいしいお米の生産ができています。

安全安心は当たり前。野菜、お米をおいしく楽しく食べてもらい、笑顔のある食卓をつくっていきたい。そういう想いで農業に取り組んでいます。

現在の日本の農業をどう見ているか

生業としての農業者があまりにも少ないことと、競争がないこと。競争がないから生業としての農業者が少ないとも言えます。農家は、努力しなくても、うまくいかなくても潰れないのが農家でした。国家の食料確保として守られてきたからです。失敗や危機があるから、人間は頭を使います。淘汰されるところがあるから、生き残り、成長してくものがいます。一般企業では当たり前。健全な競争です。日本は先進国です。競争があって、初めて成長があるのだと思います。

農家自身も考えを改めなくてはなりません。いつまでも

水耕栽培棚に囲まれて

誰かが守ってくれると思っているのでは取り残されていきます。

お客様（消費者、飲食店、業者）のニーズをとらえ、寄り添っていくこと、必死に考えていくことが大切だと思います。こんな当たり前のことが、農業では一部の人しかできていません。気づいている人はもう自分の土俵を築いています。築き始めています。

私たちも現状の評価に甘んじず、常に先を見据え、競争力のある農園築いていきたいと思います。

過去から現在まで最も苦労した点

東日本大震災の影響で出荷が止まってしまったときです。出荷できない作物はすべて廃棄し、その分売り上げ、利益も激減しました。

今後のビジョンについて

事業継承をするにあたって、私自身のすべきことが変わってきます。栽培、農産物があっての農業なのでそこはしっかりと保ちながらも、任せるところは任せていき、人材育成に力を入れていきます。私は人が育ってはじめて事業拡大があると考えているので、無理な規模拡大は狙っていません。

しかし、販売に関してはこれからも力を入れていきます。特にお米に関してはしっかりと消費者の方に認知していただけるよう、加工品を含めたＢｔｏＣに力を入れていきます。

また、露地白ねぎ栽培の出荷量が年々伸びているので、人材確保、育成に力を入れ、チャンスがあれば規模拡大にチャレンジしていきます。

この白ねぎ部門は米と平行して栽培が進み、収穫は稲刈り終了後の11月から収穫が始まります。そのため、米、白ねぎの栽培を行いながら白ねぎの販売促進をできる部門長候補としての人材を求めています。共に成長していければ、まだまだ伸びる部門だと感じています。

そして、栗原農園の柱となっている水耕部門。その中でも直販に向くサラダ水耕部門は、これまで蓄積してきた生産、販売、経営ノウハウを生かし、県内外のＦＣ支援、または独立支援ができる仕組み作りをしていきたいと考えています。

私たちは、野菜、お米をおいしく楽しく食べてもらい、笑顔のある食卓をつくる。その輪を広げていきます。

消費者の人気も高い

社名	農業生産法人　有限会社栗原農園
会社・農園所在地	〒313-0121 茨城県常陸太田市芦間町1091
代表者名	栗原　昌則
連絡先	TEL：0294-76-0120 FAX：0294-76-0259
URL	http://kurifarm.net/
問合せ先	担当部署（役職）：取締役 担当者：栗原玄樹
生産商品名	こねぎ・レタス系・ハーブなどのサラダ野菜・お米・露地野菜（白ねぎ）

森　雅美（有）森ファームサービス

「皆様のふる里になりたい！」を経営理念に、農業を通してお客様のふる里づくりをすることが、私たちの仕事です

農業へ従事するきっかけ

現在の日本農業は、従事者の高齢化や後継者不足、さらにＴＰＰ加入なども重なり、日本農業の存続の危機と言えるほど衰退をたどっております。では、その原因は何処にあるのでしょうか？私が思うに、今までの農業経営ビジネスモデルが日本農業に合致していなかったため、魅力ある職業となっていなかったと思います。農業の営みは食糧の生産です。食糧は、我々動物にとって永久の需要があります。永久の需要に対し、永久の供給システムこそが、農業の使命です。そこで、今までの固定概念を壊し、新たな農業経営ビジネスモデルを確立するために農業に取り組みます。その結果、多くの若者が集まる魅力ある職業とし、永久の需要に対し永久の供給システムを確立することにより、食の安心安全を提供できる農業、同時に必要とされる農業へとすることです。

こだわり、セールスポイント

私共の経営理念は「皆さんのふる里になりたい！」です。ふる里とは、自然であり、大地であり、農業であり、命の根源の地であると思います。人はふる里の風景や人々を想うとき、心を豊かにすることができます。私達は農業を通して、皆さんのふる里心に響くものを創り続け、共に心の発展・心の豊かな社会づくりを目指しています。そこで、農業を人の命を育む「生命産業」と捉え、生産性優先の食や人優先の環境ではなく、安全性優先の食や自然優先の環境を考え自然界にできるだけ準じた農業に取り組んでいます。具体的には、オーガニックのお米・野菜の生産、全ての農産物を茨城県特別栽培認証を受け生産をしています。さらに、20年前より農業体験などのイベントを開催し、多くのお客様に参加いただいております。２年前よりオーガニック野菜を中心としたレストランの運営もしております。

農業と触れ合うイベントも開催するように

現在の日本の農業をどう見ているか

急激なデジタルの進化と普及が、私達の生活システムを大きく変え、便利さを急激に加速してくれています。その便利さを手にした私達は、努力することもなく多くを手にすることができるようになり、ある意味退化しているように感じます。私もその恩恵に多く与っておりますが、デジタルによる疑似体験に翻弄され、人として、動物として命をつなぐ糧を多くの皆さんが失いかけているように感じます。本来、人が

命をつなぐためには、食糧を手にすることができなくてはなりません。そのためには、努力や知恵、感性や本能などが必要です。それらを引き出すには、アナログや不便の中にあるように思います。つまり、人の発展は、デジタルとアナログ、便利と不便を共有していなくてはならないのです。今、日本農業は、食糧生産だけでとらえると、危機的状況にあります。しかし、自然界に影響を受け、想い通りにならない環境は、まさしくアナログであり不便です。その視点からとらえることにより農業の魅力・可能性は無限大にあると考えております。

過去から現在まで最も苦労した点

新たなビジネスモデルを作るために、固定概念を壊すことでした。農業は本来食糧生産をする場です。しかし、そこに特化してしまったために、工業的発展をしてまいりました。つまり、レタスやキャベツをボルトやナットのように大量生産大量販売だけの追求してしまいました。そのために、大量の農薬・化学肥料を使ってまいりました。安全や安心を置き去りに、生産性優先、自然環境を壊し生産性優先でした。農業の本来の目的は、食の安心安全の提供です。安心安全は、永久の需要に対して永久の供給と生産方法です。さらにそれらを掌る思想が必要です。それらが折り重なりあった状況が農業の姿です。その結果が、経営理念であり、思想であり、若い人材の育成につながります。それらの思想やシステムにたどり着くまでが苦労しました。

レストランも運営している

今後のビジョンについて

経営理念「皆様のふる里になりたい！」の元、農業を通して、お客様のふる里づくりをしてまいります。その為に「来る人に楽しみを　帰る人に喜びを」を基本に、お客様の来る楽しみの創造をしてまいります。具体的には、今までも取り組んできた、農業体験やイベント、自然風景や空間演出、料理教室やジャガイモ等のオーナー制、幼稚園や小学校の体験受け入れ、レストランでの食事やショッピング、小動物との触れ合いや季節のお花摘み、市民農園の開園などなど、来る楽しみの創造をしてまいります。そして、帰るときに喜んで頂ければ、リピートしていただけます。リピートして頂ければ、信頼関係を深めることができます。信頼関係を深めることができれば、経営が安定します。経営が安定すれば、さらに若い人材を育成することができます。その結果、お客様よし、世間よし、森ファームよしの三方よしが成り立ちます。私共は、本来の食の安心安全を追求し、常に社会から求められる農業を目指してまいります。

社名	（有）森ファームサービス
会社・農園所在地	〒306-0128 茨城県古河市上片田420
代表者名	森　雅美
連絡先	TEL：0280-77-0011 FAX：0280-77-1335
URL	http://www.morifarm.co.jp
問合せ先	担当者：森雅美 TEL：0280-77-0011 FAX：0280-77-1335 E-mail：info@morifarmu.co.jp
生産商品名	オーガニック米・野菜・蕎麦

古谷 慶一（古谷農産）

百年先　我らの未だ見ぬ子孫にも郷土の自然と食を伝えましょう

農業へ従事するきっかけ

親戚にひどいアトピーの子がおり、日々痛痒い思いをしている姿に心を痛めていました。そんな時、食生活の改善によってアトピーの症状が緩和できるという話を聞き、食と食べ物の持つパワーを知りました。

いろいろ食について勉強していくうちに「無農薬」というキーワードと出会いました。農薬や化学肥料が身体に及ぼす悪影響を知った際には、今まで当たり前に使用していた農薬がこれほどまでに身体に作用していたのかと驚かされました。

そこで慣行農法から農薬・化学肥料を使用しない有機農法へと転換することに決めました。すべてのお客様に私たちがつくったこだわりの作物を食べてもらいたいという思いから、農業を続けています。

こだわり、セールスポイント

古谷農産では農薬・化学肥料を使用しない、生き物が育む農法で作物を栽培しています。美味しい安心安全な食べ物をみなさまにお届けできるよう、日々努力しています。

農作物はもちろんのこと、古谷農産で栽培した作物を原料とした、乾麺の十割そば、うどん、小麦粉、煎り豆、せんべい、甘酒、菜種油なども販売しています。身体にやさしく、美味しい商品ばかりです。特に十割そばは乾麺とは思えないほどの香りと濃いそば湯が楽しめることから、根強いファンの方から支持を得ており、お客様の多くが自分用だけでなく、ちょっとした手土産や贈り物として購入されます。

一度食べればその美味しさがクセになる商品ばかりですので、ぜひお試し下さい。

現在の日本の農業をどう見ているか

現在の日本は食べ物の多くを輸入に頼り、日本国内産だとしても遠くの土地で栽培されたものを口にしています。昔であれば住んでいる地域で育った食べ物しか食べられなかったはずです。これからは地産地消はもちろんのこと、郷土料理や在来種の動植物を守っていくような農業をしていかなければならないと考えています。

農薬や化学肥料が自然に及ぼす影響は長年蓄積され、その土地に住む多様な生物を絶滅の危機に追い込ん

でいます。故郷の自然を守ることから始めなければ、その先にある在来種の動植物、郷土料理は守られないでしょう。

そのためには有機農業を日本だけでなく世界にまで広めていかなければならないと考えています。

過去から現在まで最も苦労した点

古谷農産では数ある有機農法の中でもコシヒカリについては「深水栽培」という方法を採用しています。慣行栽培よりも深く水をたたえることで雑草の発生を抑え、収量を上げるための栽培方法です。

農業を営んでいる方からすれば当たり前ですが、その年によって違う自然条件の中で田植え、稲刈りの時期をどうするか、田んぼの水管理はどうやっていくか、夏場の草刈をこまめにやれるかで収量が変わってきますから、いつも悩み苦労しています。

ましてや深水栽培ですから、周りの慣行栽培の方々からすれば常に不思議な水管理をしていると思われています。特に慣行栽培から有機農法に転換した初めの頃は奇異な目で見られることも多く、その点も苦労しました。

今後のビジョンについて

経営理念にあるとおり、百年先の子どもたちに郷土の自然と食を伝えていくことが使命だと考えています。無農薬栽培の野菜や米は慣行栽培のものよりも手間がかかっている分、お客様の手に渡る値段は少々高いのが現実です。

ですが特にこれからの日本を背負って立つ子どもたちに安心安全な無農薬栽培のものを食べてもらいたいという思いから、子育て世代にも長く買い続けられるような値段設定にしていかなければならないと考えています。

もちろんこちらも農業自体を続けていくために再生産可能価格は必要ですから、折り合いをつけていくつもりです。少なくとも無農薬栽培を続けていくことで、故郷の自然と食を守り、後世に伝えていくつもりです。

古谷農場の菜の花

社名	古谷農産
会社・農園所在地	〒324-0046 栃木県大田原市加治屋94
代表者名	古谷　慶一
連絡先	TEL：0287-23-3502 FAX：0287-24-2396
URL	http://www.furuya-farm.com/
問合せ先	担当者：古谷農産代表　古谷慶一 TEL：0287-23-3502 FAX：0287-24-2396 E-mail：info@furuya-farm.com furuy@estate.ocn.ne.jp
生産商品名	水稲・麦・大豆・蕎麦・うど

安全な土作り、美味しい野菜作り、次世代を担う後継者の育成

松村 昭寿（有限会社あずま産直ねっと）

農業へ従事するきっかけ

兄が大学卒業後就農していましたが、父と農業についての意見が合わず、辞めてしまいました。私自身就きたい職業が他に有ったのですが、両親に説得され就農することとなりました。

最初はあまり乗り気ではなかった仕事でしたが、いざ野菜栽培をやってみると、農業の魅力にだんだん取り付かれていってしまったのです。

「農薬散布はしたくない」「美味しいものを作りたい」「直接販売してみたい」と、どんどん欲が出てきて仕事も面白くなり、農業に誇りがもてるようになったころ、妻とめぐり合いました。妻との二人三脚で、会社を興し今に至っています。

こだわり、セールスポイント

群馬県初のＪＧＡＰ認証農場で、全ての生産物を特別栽培基準以上で生産しています。徹底した輪作体系、ミネラルの施肥、微生物による土作りによって、農薬を激減し、特別栽培に取り組んでいます。

伊勢崎市の自社農場と、標高９５０ｍの自社高原農場での栽培によって、年間多品目（30種類）で長期間の生産・販売が可能となっています。さらには、40戸の協力農家さんも出荷しています。

個人様～量販店様まで、学校給食・生協・スーパー・外食・加工業者様と幅広い対応が出来ます。

現在の日本の農業をどう見ているか

多くの若者を受け入れ、一人前の農業者になれるよう雇用して育てて来ました。この春で、すでに16名が農家として独立しました。

国の助成制度もあり、このところ世間では、研修期間がほとんど無く、独立する人が増えているようです。

ただし、天候や経済の好不況に左右される、経済リスク、天候リスクを伴う厳しい職業ですので、経験の少ない人が、続けていけるか心配

農薬を激減した特別栽培で多品目の野菜を生産

な面はあります。

日本全国で、確実に高齢化は進んでいますので、国民の一人一人が、国産農産物を積極的に利用し、日本の農業を農業者と共に支え育てていけることを切に望みます。

過去から現在まで最も苦労した点

２０１４年2月、未曾有の大雪によって、全ハウスの3分の1に当る70ａが倒壊してしまいました。ハウスの内分けは、これから本格的に収穫が始まるイチゴ、ミニトマト、春菊などでした。生産物の被害は、５５００万円程度ありました。幸いハウスの片付け、建設には、国・県の助成がありました。

その後、5月には、雹害があり、自然の脅威を考えさせられた年でした。

秋冬は、適度な雨・好天に恵まれ、野菜は大豊作となり、当然のことながら、大暴落となりました。まさに天候に翻弄された1年でした。

早く復興出来る様、職員一同頑張っているところです。

野菜作りを学ぶ若者たち

今後のビジョンについて

美味しい野菜の増産と、自社野菜の加工品の充実、学校給食への美味しい野菜の供給により、野菜嫌いの子供たちを無くすことを目指しています。

そして、そのことによって、世界無形文化遺産の日本食を、子供たちや若い親たちに伝承していく一助になれるよう、良い食材を作り続けていきたいと考えています。

社名	有限会社あずま産直ねっと
会社・農園所在地	〒379-2222 群馬県伊勢崎市田部井町1-1435
代表者名	松村　昭寿
連絡先	TEL：0270-62-9204 FAX：0270-62-9217
URL	www.azuma-sun.co.jp
問合せ先	担当部署（役職）：営業　（部長） 担当者：松村　久子 TEL：0270-62-9204 FAX：0270-62-9217 E-mail：tomato@azuma-sun.co.jp
生産商品名	チャコハウスの野菜たち（長ネギ・キャベツ・白菜・大根・ミニトマト・イチゴ・キュウリ他）

飯野 晃子 ㈱プレマ／プレマ・オーガニック・ファーム

創業以来オーガニック一筋！有機農業と有機食品で、地球と人々の健康に貢献したい！

農業へ従事するきっかけ

大学時代の一人暮らしを機に、食と健康の大切さに目覚め、独学でいろいろ研究する中、土の微生物の世界まで関心が及び、大学院で農学を研究しました。インドの有機農業を調査する中、ビジネスを通じて有機農業や有機食品を広げることの重要性を感じて、有機食品の生産と販売に関わるようになりました。

こだわり、セールスポイント

創業以来、ずっと「有機」にこだわり続けて約20年の間、水も空気もきれいな群馬県赤城山麓南面で小松菜を栽培しています。いわゆる農薬や化学肥料を使わないのはもちろんのこと、独自の〈地球式自然農法Ⓡ〉を掲げ、自然環境との調和をとりながら、健康で味の良い小松菜づくりに日々努力しています。

自然の恵みと愛情をたっぷり受けて、生命力が強く育っているので、プレマの小松菜は一年中生で食べても美味しいです！

また、小松菜を中心とした自然素材と製法にこだわった加工食品も、品質の良さと美味しさが自慢です！

現在の日本の農業をどう見ているか

日本農業の未来が心配されていますが、従来の方法にとらわれず、高い価値を提供できる生産者にとっては世界市場にも挑戦できる可能性は充分にあります。

いつも笑顔でスタッフが支え合い、健康で美味しい小松菜を育てている

オーガニックは高付加価値で、これから発展する分野だと注目する人が増えていることは嬉しいです。

健康面・環境面はもちろん、これからは女性や高齢者も安心して働けて、地域で協力し合う…そうした人に優しい経営も含めて、サステナブルな農業を目指すべきだと考えています。

過去から現在まで最も苦労した点

農薬や化学肥料に頼らない有機栽培ならではの苦労も多々ありますが、とりわけ震災と大雪の被害は大きなダメージでした。

震災後、群馬県の小松菜は出荷停止にならなかったものの、売上が落ちて苦労しました（※現在まで放射性物質は一度も検出されておりません）。その後、２０１４年２月の大雪でハウスが倒壊し、再建に1年以上かかりました。農業は自然産業であり、自然から恵みをいただいている一方で災害も避けられませんが、みなで支え合い、いつも笑顔で試練を乗り越えています。

「有機」にこだわって作られる小松菜と小松菜の加工食品
有機うどん・そうめん、プレマ有機小松菜ぴゅあぱうだー他

今後のビジョンについて

プレマの小松菜の品質向上をさらに追求し、「素材のパワーと美味しさが最大限に活かされ、食べると心身が幸せで満たされる」【ヒーリングフード®】のコンセプトに基づいた加工食品開発にも力をいれ、日本全国そして海外にＪＡＰＡＮブランドのオーガニック食品を届けられるように挑戦していきます！

農業体験をして収穫した新鮮なオーガニック野菜を味わえるレストランやセミナールームを併設した体感型の農食ヒーリング施設をつくって、多くの方々に農業の面白さやオーガニックの魅力を知っていただく機会を広げたいです。

水も空気もきれいな群馬県赤城山麓南面で栽培されている小松菜

社名	株式会社プレマ／プレマ・オーガニック・ファーム
会社・農園所在地	〒371-0212 群馬県前橋市粕川町下東田面303-4
代表者名	飯野　晃子
連絡先	TEL：027-285-3314 FAX：027-285-3540
URL	http://www.premafoods.com/
問合せ先	担当部署：総務部 担当者：関口千恵子 TEL：027-285-3314 FAX：027-285-3540 E-mail：info@premafoods.com
生産商品名	有機小松菜・有機加工食品

岩井　雅之
（有限会社ファームクラブ）

『夢の農業王国』で新しい農業のかたち 若者に「カッコイイ農業」を創造して日本の農業を牽引する！

農業へ従事するきっかけ

弊社の関連会社に、農業資材の販売、農産物の直売を行っているファームドゥ株式会社があります。開業からこれまで、農家さんの声を聞き、ご要望にお応えする運営をして参りました。その中で店舗を利用してくださる農家さんから、「忙しい春先に、良い野菜苗・水稲苗が買えないだろうか」と要望を頂きました。「それでは良い苗を自社で生産し、お客様に提供しよう」という考えから、農業生産法人として有限会社ファームクラブを設立し、農業に携わって参りました。併せてグループ会社の人材育成、地域の耕作放棄地の解消の一助となるような活動も目的として進めて参ります。

こだわり、セールスポイント

最新の取り組みは太陽光パネル下での営農です。透光率の高いパネルを採用してパネル下であっても十分に光が入るよう設計し、土耕栽培に加え、水耕栽培で葉物野菜の生産・出荷を行っています。売電と営農で、より安定した収入のある農業に取り組んでいます。

ファームドゥの推進する生産ブランド「ミネラル野菜」も積極的に栽培しています。圃場一つ一つを土壌診断し、不足している成分を調べ、土作りの段階からこだわりの肥料設計により、ミネラル分豊富な農産物を栽培しています。

5年前より栽培を開始したイチゴとトマトは、リラックス効果があると言われているクラシック音楽を聞かせることにより、ストレスフリーの栽培にチャレンジしています。

これらの圃場はJGAP認証を取得している農場であり、安全な圃場管理にも積極的に取組み、地域の模範になるような運営を心掛けています。

現在の日本の農業をどう見ているか

問題提起されて久しいことではありますが、群馬県においても、農業人口の減少と高齢化を肌で感じております。とりわけ山間地などでは、それが顕著であります。その一方で、弊社のように企業として農業に参入しようという取り組みや、植物工場・ICT等のクラウド技術を用いた栽培管理など、これまでにない分野と農業との関りが多くなってきたと感じます。

クラシックを聞きながら育ったイチゴ

販路に関しても、より付加価値の高いこだわりの農産物を生産し、独自の販路にて販売するなど、これまでの市場流通のみに頼らないあり方も増えてきています。

そういった状況から、現在の日本の農業は非常に大きな転換期にあり、従来のやり方のみではなく、新しい農業のかたちを創造していく事が大切なのではないかと考えております。

過去から現在まで最も苦労した点

まず、従業員に農業経験がなく、まったく一からの農業という点が非常に苦労した点です。作物ごとに基本は似ていても、それ以降の栽培方法がまったく違うため、それぞれの作物に対して十分に対応ができておりませんでした。他の農家さんからも、たくさんのアドバイスを頂きながら、自分たちで頭と体で理解し、管理・対応に反映させていくまでに、少し時間が掛ってしまいました。当初は病害虫への対応も適切ではなく、株を良い状態に保ったままの生産が、なかなかできませんでした。

これらの経験を継承し、現在では、徐々にではありますが作物の状態に対応ができるようになって参りました。

また、一時的に経営が赤字に転落した時期がありました。大型の栽培施設を導入したものの、実際の栽培技術や管理手法を確立する事ができず、予定収量を大幅に下回ってしまった為です。技術指導等を頂きながら、赤字経営状態からは脱却しましたが、今後もまだ改善の余地のある部分です。

水耕栽培にも取り組んでいる

今後のビジョンについて

今後は、最新の取り組みである太陽光発電設備と太陽光パネル下での作物栽培システムの活用を中心とし、営農での収益性をさらに向上させてゆきたいと考えております。

従来の農業のイメージとは違う、「カッコイイ農業」「新しい農業のかたち」を私達が実践し、実現することにより、若者の新規就農や団塊の世代の就農支援、障がい者の活躍の場づくり、外国人技能実習生受け入れなど、農業についての雇用創出と人材育成に力を入れていきます。

栽培品種には機能性野菜を重点的に生産していく計画です。消費者の健康への関心は今後も高まる事が予想されますので、私達生産の現場から積極的に提案していきたいと考えています。

このような事柄から、地域の農家のみなさんに、「こういった農業をやってみたい」と思ってもらえるような、いわばお手本となれるよう、事業推進していくと共に、新しい農業のかたちを広く国内、世界にまで発信していきたいと思います。

社名	有限会社ファームクラブ
会社・農園所在地	〒370-3104 群馬県高崎市箕郷町上芝307-2
代表者名	岩井　雅之
連絡先	TEL：027-371-0007 FAX：027-371-1747
URL	http://www.farmdo.com/farmclub.html
問合せ先	担当者：飯出　真由美 TEL：027-371-0007 FAX：027-371-1747 E-mail：farmclub@farmdo.com
生産商品名	イチゴ・トマト・葉物野菜全般

木谷 昌義（リッチフィールド株式会社）

安心安全なパプリカを収穫したその日のうちに発送するので フレッシュでジューシー　リコピンが通常の3倍のトマトもおすすめ

農業へ従事するきっかけ

先代から、農業関連の会社をやっており10年ほど前から生産にも着手することになりました。

「安心安全・高品質な商品」を安定してお客様にお届けするために、最先端の農業技術、世界基準の認証取得の国内農場等、新しい農業ビジネスを展開しています。

こだわり、セールスポイント

パプリカの9割を占める輸入品は、消費者が口にするまで何日もかかりますが、リッチフィールドのドルチェパプリカは収穫したその日のうちに出荷しますので、最短で翌日に届きます。ジューシーでずしりと重い採りたてのパプリカは新鮮そのものです。

またリコピンが通常の3倍のリッチリコピントマトや甘くてスライスしても形がくずれない富丸ムーチョなど、珍しいトマトも生産しています。

現在の日本の農業をどう見ているか

高齢化と耕作放棄地が増加しており、このまま変革もなく進めば、農産物は輸入に依存することになります。

農業は食料を供給するという重要な役割を果たすと共に、地域の基幹産業として地域社会の維持、活性化に大きな役割を担っています。

ジューシーでずしりと重い採りたてのパプリカとトマトは新鮮そのもの

その点、リッチフィールドでは、グループ全体で人材育成を行っています。今後 農業の担い手となる意欲のある人は受け入れ、独り立ちできるまでの研修および就労の場も提供しております。

過去から現在まで最も苦労した点

栗原市の農場は2011年の東日本大震災と、その2年前の岩手宮城内陸沖地震と2度大きな被害を受けました。幸い社員は皆無事でした。

また、風評被害で宮城県産というだけで売れない地域もありました。藤沢市のトマト農場も昨年の台風の被害があり、今後も自然災害に対する対策は怠れません。

今後のビジョンについて

安全・安心でおいしい農産物の提供、栄養価が高く体に良い農産物の提供、そして、オリジナリティの高い農産物を提供します。

国内での農産物の企画・生産・販売までの一貫体制にこだわります。

リッチフィールドは常に新しい農業ビジネスに挑戦しています。そして、「独自性の高い企画」「世界標準の先端技術」「独自性の高い販売力」というこの3つの独自性が、リッチフィールドの特徴であり、今後もこの姿勢を貫いていきます。

国内での農産物の企画・生産・販売までの一貫体制にこだわる

社名	リッチフィールド株式会社
会社・農園所在地	販売部 〒236-0004 神奈川県横浜市金沢区福浦１丁目１番 横浜金沢ハイテクセンターテクノタワー16F 農園 リッチフィールド栗原株式会社 〒987-2003 宮城県栗原市高清水福塚25-21 株式会社リッチフィールド由布 〒879-5501 大分県由布市狭間町鬼崎字東原1581 リッチフィールド湘南 〒252-0824 神奈川県藤沢市打戻大下19番２ 株式会社リッチフィールド美浦 〒300-0404 茨城県稲敷郡美浦村土浦1306-1
代表者名	木谷　昌義
連絡先	TEL：045-783-6759 FAX：045-782-1815
URL	http://www.richfieldvegetables.com
問合せ先	担当部署（役職）：常務執行役員 担当者:富田　弘子 TEL：045-783-6759 FAX：045-782-1815 E-mail：richfield-group@cube.ocn.ne.jp
生産商品名	ドルチェパプリカ・ドルチェトマト

若林 馨（有限会社グリーンズプラント巻）

水へのこだわりが生んだ、水耕ミツバとフレッシュハーブを召し上がれ

農業へ従事するきっかけ

もともと実家は農家でしたが、私は一度建設業界へ就職しました。

ところが農業がもとから好きでしたし、水耕栽培という新しい分野にチャレンジしてみたいという思いから、農業へ転向しました。

新潟は鉛色の空が有名なくらい、日照時間が少ない地域です。なので、トマトのような光を好む野菜の生産は難しい。ところが、ミツバならできると考えました。ミツバは光飽和点が約20000ルクスで最低が10000ルクスで栽培できます。そこで、5000ルクスのナトリウムランプを使えば栽培できると考えました。

こだわり、セールスポイント

第一に、安全でおいしい野菜を生産すること。水耕栽培の野菜は淡泊であるというイメージをくつがえすような、旨味のある野菜を生産しています。

第二に、安定供給。これは常に一定量を供給するということではなく、年間の需要の波に対応して、適量を供給できる栽培計画の立案と実行を意味しています。

第三に、日持ちが良く、販売店に喜ばれる野菜の生産。FFCセラミックスの導入以後、棚もちが良くなり販売店に喜ばれることはもちろん、冷蔵保存し、市場の動向に合わせて供給することが可能となりました。

現在の日本の農業をどう見ているか

食を研究する者だったら、自分たちがおいしい、健康的だと思うものを提供し続けることが大事です。そうでないと外国産に負けたり、安売り合戦になってしまう。きちんとしたものを提供して、適正な値段で買ってもらうことができればと思っています。そうすれば営業活動をしなくても買

日光が少なくても、水耕栽培で美味しい野菜を作れる

いに来てくれます。

平成11年頃から特に中国からの野菜の輸入が急増し、単価が下落しました。

さらにインターネット販売等流通が多様化し、直売所もどんどん増え、大手スーパーを脅かす存在になっています。それでも現状は従来通りの卸流通が主流です。私たちも８割が卸流通で、直接取引に関しては農場まで引き取りに来てもらいます。特に店舗は構えていません。

過去から現在まで最も苦労した点

栽培のための原水として当初地下水を検討したところ、鉄分が多かったため安全性を考慮し、水道水を採用しました。

しかし、根傷みによる病気が蔓延してしまいました。当初は原因がわかりませんでしたが、その原因が結合塩素にあることを突き止めるまで２年間かかりました。その後、結合塩素の害を除去するため、あらゆる水改質装置を試行錯誤しました。そして現在のＦＦＣセラミックスに出会うまでさらに１年かかりました。

今後も不可能を可能とする挑戦を続ける若林さん

ＦＦＣセラミックスを導入することで、結合塩素の害が抑制されることに加えて、栽培養液の殺菌が不必要となり、生産した野菜の棚もちも良くなりました。

今後のビジョンについて

日照量の少ない地域で水耕栽培をすることができるようになりました。さらに、豪雪地域でも生産可能な農場も建造することができました。また、一般的に水耕野菜は味が淡泊で日持ちがしないと思われていますが、私たちの野菜は旨味が濃くて棚もちが良いということで販売店の方にも大変喜んでいただいております。高品質なものを適正価格で安定供給することを主眼に、今後も不可能だと思われていたことにどんどんと挑戦していきたいと思っています。

社名	有限会社グリーンズプラント巻
会社・農園所在地	〒953-0011 新潟県新潟市西蒲区角田浜644－1
代表者名	若林　馨
連絡先	TEL：0256-77-2299 FAX：0256-77-2297
URL	http://www.gp-maki.com/
問合せ先	担当者：若林　馨 TEL：0256-77-2299 FAX：0256-77-2297
生産商品名	ミツバ・ベビーリーフ・ハーブ

農業は自然や文化を知っているアドベンチャー

永塚 崇嗣（株式会社 果香詩(かかし)）

農業へ従事するきっかけ

現代、そして未来の農業に邁進するため、1戸1法人として平成27年9月に「株式会社 果香詩」へと移行しました。

元々は永塚農園として江戸時代から代々続く農家であり、私は長男として生まれました。祖父母や両親が農業をやっている姿を見て育ち、「将来農業をするんだよ」と小さいころから教え込まれていたのを今でも思い出します。

「将来的に農業をするんだ」という気持ちはありました、大学へ進学するにあたり、農業は就農してから勉強できると考え、当時盛んに言われていた環境問題・都市アメニティなどを学ぶ道へ進みました。農業の繁忙期になれば実家に戻り、収穫作業等を手伝っていた。在学期間中に多くの場所を訪れた経験から、卒業を機に新潟へUターンし旅行会社に就職。両親が兼業農家であり私も会社へ行きながらと考えていましたが、農繁期の仕事とのバランスが取れず、「農業をやってほしい」との両親の言葉にやりがいを感じていた会社を退職し、専業農家の道へと進みました。

こだわり、セールスポイント

情報収集は日課となっています。

農家の間では、昔から栽培情報や対処法などの情報がどことなく閉鎖的な面がありました。今では地域の若手農家同士の情報交換だけでなく、SNSの普及により全国の幅広い農家からの情報が集まり、今まで知らなかったことに気付かされます。日本や世界、様々な分野を知り、これまでの経緯・歴史を学び、温故知新の農業界を作って行かなければいけないと思っています。交流の中では、農家だけでなく様々な業種や一般の方とお会いすることが多くとても勉強になります。

SNSでも全国の農家だけでなく、なかなか出会えない人でも新着情報が聞けたり、世界の異文化交流など重宝しています。いろんな人の生の意見を聞くことが励みになり、いろんなヒントを得られます。そして私も顔の見える農家を目指して、話題提供をしたり、お客様と密な関係になれるよう、日々更新しています。

現在の日本の農業をどう見ているか

消費者が気付かないところで昔も今も変わらず、いつも農家は転換を迫られながら農業をしています。

今の農業にとって、国・都道府県・自治体の政策を加味するだけでなく、買ってくれる企業や食べてくださる消費者が納得する「栽培技術」、経済・消費者動向・世界情勢など様々な「情報」、農家だけでなく異業種を通じた「人脈」の『三種の神器』が無ければ農業の経済効果は生まれないのです。

この『三種の神器』はどれも与えられるものではなく、自ら考え行動し、理解を得なければ獲得できないものであり、地域・各種団体の活動・いろんな交流会などで刺激を得ています。

それに加え、担い手の育成が急務となっています。

農家の後継者がいなくなる中で、誰が担い手になるかといえば、新規就農者を増やさなければいけません。

将来の農業を共に考え、苦労も喜びも共に分かち合える仲間を募集しています。

過去から現在まで最も苦労した点

『農業をやっていくなら美味しい農産物を作ってお客様に届けたい』が就農当初からの目標です。幼少期から農作業の手伝いをしてきたので、1年の周期的な作業はわかっていましたが、就農したばかりの栽培技術は底辺。

そこから気候条件や栽培指針などの様々なデータを読み取れるようになりましたが、完璧なものができるとは限りません。

工業製品は形ができれば年中無休大量生産できますが、農産物は基本的に1年に1回の収穫。私に至っては13年生、13回しか収穫してないわけで、その中でどれくらい良い農産物ができるか勝負しなければいけません。そして、人間に個性があるように農地・樹木にも個性があり、成育状況によって刻々と変化していく作物の姿は、味を決めていくうえで腕の見せ所であり、重要なポイントとなってきます。

今後のビジョンについて

日本では少子高齢化・世界では人口増加に伴い、食生活の変化や食糧不足の懸念など、食料自給率の低い日本にとって被害を受けかねないのが現状です。皆さんの食卓が笑顔で、元気あふれる毎日を過ごして頂けるなら、私にとても嬉しいです。

農産物を作るだけでなく、地域の協力で農家と共同の観光産業を広げていきたいと進めています。様々な人が農業に触れる機会があれば、いろんな楽しみ方もでてきます。

農業は農産物を作るだけじゃなく、いろんな自然や食の楽しみ、地域の風景や文化を知っているアウトドアアドベンチャーです。

あなたも一緒に「農業」を楽しんでみませんか？

社名	株式会社 果香詩（平成27年9月設立）旧 永塚農園
会社・農園所在地	新潟県新潟市西蒲区潟浦新214-1
代表者名	永塚　均一郎(えいづか　きんいちろう)
連絡先	TEL：025-375-4576 FAX：025-375-4576
URL	https://www.facebook.com/eizukanouen.niigata/ http://www4.hp-ez.com/hp/eizukanouen/
問合せ先	担当部署（役職）：取締役 担当者：永塚　崇嗣（えいづか　たかし） TEL：025-375-4576 FAX：025-375-4576 E-mail：eizukanouen@yahoo.co.jp
生産商品名	水稲　11ha（コシヒカリ・ゆきん子舞・新潟次郎）、大豆　1ha（エンレイ）、果樹　50a（ブドウ・イチジク・栗・柿・キウイフルーツなど）、野菜　30a（季節野菜）、加工品（佃煮・ジャム・ドライフルーツなど）

井村 辰二郎（株式会社金沢大地）

300ha！日本最大規模の有機穀物（米・麦・大豆）生産農家が挑戦するオーガニックへの取り組み

農業へ従事するきっかけ

1997年に脱サラして農家の5代目として、農業を継ぐことにしました。

明治大学農学部農学科を卒業後、地元金沢の広告代理店に就職し、マーケティングの実践を学びました。多様な企業の広報・宣伝活動をお手伝いする中で、産業としての農業の可能性を確信することになったのです。

アントレプレナー（起業家）の精神での新規就農でした。

こだわり、セールスポイント

21世紀は自然回帰の時代だと考えます。環境や地域の生物多様性を大切にし、生活者と結びつくことが、サスティナビリティー（持続可能性）のある生業だと信じ、「千年産業を目指して」の理念をつくりました。

当農場の最大のセールスポイントは、栽培だけでなく、農産加工まで実施していること。品数は現在100品目以上あり、そのほとんどの原料が「井村辰二郎」農場で生産されたものであり（究極のトレーサビリティー）、環境保全型農業で生産されている点です。

現在の日本の農業をどう見ているか

究極のトレーサビリティー、環境保全型農業を実現

2015年は、アメリカとのTPP交渉も最終局面をむかえています。短期的に考えれば、グローバリゼーションの中で、日本の農業は準備不足で経済的な競争力に欠けているのが現実です。

しかし、灌漑インフラや農地が保全され、担い手の育成ができるならば、近未来、稲作を中心とした日本の農業は、世界の中でも競争力を持てると信じています。

過去から現在まで最も苦労した点

有機農業へ挑戦するに当り、家族や地域との調整、有機認証の取得、雑草や収穫量（生産性）との戦い、マーケットの創造、販路拡大など、17年間で様々な苦労がありました。

過去の苦労は終わったことで、最も大きな苦労は現在の苦労。ズバリ「人材の育成」です。次代の後継者をどう育てるかが最大の問題であると考えています。

次代の後継者をどう育てるかが最も大事だと語る井村さん

今後のビジョンについて

私たちの生産したものを、皆さんが選択してくださること、そして食べてくださること、それが私たちの願いです。この結びつきを更に強固なものにするために「生産者の顔の見える農産物」から更に能動的な仕組として「生産者のフィロソフィーを知れる農産物」「生産者と会える農村」を新しいビジョンとして構築中です。

例えばグリーンツーリズムやマルシェ、食育活動等を通じ、一人でも多くの「食べてくださる方」との交流を進めたいと考えています。

そして、私たちのミッションは次のとおりです。

1、日本の耕作放棄地を積極的に耕します
2、有機農業を通じて、日本の食料自給率の向上に貢献します
3、新規就農者等の研修、受け入れ及び育成を行います
4、農産業を通して、地域の雇用を創造します
5、農業を通して、東アジアの食料安全保障に貢献します

社名	株式会社金沢大地
会社・農園所在地	〒920-3104 石川県金沢市八田町東9番地（事務所所在地）
代表者名	井村　辰二郎
連絡先	TEL：076-257-8818 FAX：076-257-8817
URL	www.k-daichi.com
問合せ先	担当部署（役職）：広報 担当者：武田裕司 TEL：076-257-8818 FAX：076-257-8817 E-mail：takeda@k-daichi.com
生産商品名	米・小麦・大麦・大豆・蕎麦・野菜

農業明るく、楽しく、元気よく 原料生産、加工、販売の一貫体系で地域つくり

義元 孝司（株式会社アジチファーム、株式会社鮎街道ファーム（子会社））

農業へ従事するきっかけ

20歳代のときにアメリカにしばらくいて、人間が生きてゆくのに根本的なことが少し分かってきました。職業として農業を選ぶについてはもう少し時間がかかり30歳代後半になってからでした。

福井県の専業的農業者を中心に作られた「あぜみちの会」が就農への大きな足がかりになりました。会則のないあぜみちの会は農業者からの情報発信が大きな柱です。文集「あぜみちのシグナル」かわら版「みち」女性文集「土のつぶやき、風のささやき」などなど専業的農業者、行政マン、その他勝手参集者らが農業サイドの幾多の情報を発信してきたことが、その後の就農に大きな影響を与え続けてきました。

こだわり、セールスポイント

稲作を中心に加工場、販売店を運営しながら一貫体系で地域を作ることに専念しています。

主食用の米は炊飯のほか米粉（パン、麺、菓子）として農家レストランで提供。飼料米はWCS、SGSで牛乳を使ったミルクパンとなります。豚用飼料米は越前ウマカ豚を育てるのに使い、ランチとして提供するほか、精肉として直売所で販売している。鶏用飼料米は、卵を使ったパンにして直売にする。そばは自家栽培の大豆では自家製豆腐や味噌を作っています。

お米のパン

米85%、グルテン15%で作るもっちりパン。整粒歩合は約60%

お米でつくるピザ

お米でもっちり。ピザは日本人好みのみそ、醤油ベースで

お米のおやき

「お福やき」でブランド化をめざす。地元の野菜タップリ

米粉麺

お米70%、バレイショデンプン30%の小麦アレルギーも配慮

コシヒカリクッキー

福井生まれのコシヒカリを使用したサクサクのクッキー

お米カレー

お米を100%使用してとろりとろけるカレーに仕上げました

お米のバラエティ

家そばとして販売するなど一貫体制のうまみを顧客に提供している。

現在の日本の農業をどう見ているか

地域農業はすでに崩壊しています。地域の農業は人材が皆無です。福井市で稲作認定農業者20歳代から40歳代の人材が20、30人程度と極めて少ないです。

農地5000haを今後いかに維持、保全していくのか責任ある立場の人に聞いてみたいものです。政治を預かる立場の人に、行政、団体を預かる立場の人たちに聞きたいのです。こんな状況でも「農家」という制度をなぜ守ろうとしているのか理解できません。もう遅いかもしれませんが、政治も行政も団体も、「農家から農業」の視点で議論してほしいものです。

過去から現在まで最も苦労した点

・家族農家から会社農業に経営を変革したこと。

・行政の認識不足
　行政の制度設計が不備で経営資源を充分に発揮できないでいることが大きな苦労となっている。

・農地法の不備
　耕作放棄しても土地改良した交付金が返還対象にならない。管理休耕農地を貸してほしくても借りれない。

・農業における労働評価の不備
　農業者の労働評価1日18000ha円で算出できる農産物価格と補助金に制度設計する必要あり。ばら撒きはやめること。

・行政の認識の遅れ
　このままでは農業で働く人はいません。仕事ができません。

お米づくりの多様性

今後のビジョンについて

農業経営者が結集する農業協同組合の結成を目指します。全国の志ある農業経営者の皆さんに呼びかけたい。一緒に協同購入、協同販売、経営の研修、人材の育成、海外への販路開拓、六次産業化をやりましょう。

社名	株式会社アジチファーム、 株式会社鮎街道ファーム（子会社）
会社・農園所在地	〒910-0052 福井県福井市黒丸町10-16-1
代表者名	義元　孝司
連絡先	TEL：0776-26-0236 FAX：0776-29-7687
URL	http://www.ajichi.jp/
問合せ先	担当部署（役職）：代表取締役 担当者：義元　孝司、渡辺　康治 TEL：0776-26-0236 FAX：0776-29-7687 E-mail：
生産商品名	水稲・加工（パン・レストラン・豆腐・みそ他）・販売（直売所）

田中 進（株式会社サラダボウル）

農業を地域の価値ある産業へ！次世代経営マネジメントと人材育成モデルの構築を目指す

農業へ従事するきっかけ

10年間の金融機関在籍中に、様々な業種・業態の企業の課題解決に関わり、その企業の「強み」や「成功の原理原則」を探ってきました。

他産業の視点から農業をビジネスとして研究することで、大きな可能性があることを実感。道を切り拓いていく企業経営者に触発され、自らも起業を決意しました。そして２００４年に「農業の新しいカタチを創る」という強い想いのもと、サラダボウルを設立しました。

こだわり、セールスポイント

設立当初より人材育成と経営マネジメントモデルの構築に情熱を注いできました。そして「人を育てる人」を育成するオンラインアグリビジネススクールを設立。

また、農業と地域の未来を見据えた世界最先端の大規模施設を山梨（３ｈａ）と兵庫（４ｈａ）に建設もしています。フードバリューチェーンの構築を目指すマーケティングボード事業、農業ＩＣＴやロボティクス事業、ベトナムなどの海外事業も展開し、「農業の新しいカタチを創る」べく、様々な挑戦を続けています。

人材育成を第一に考える

現在の日本の農業をどう見ているか

農業には大きな可能性があります。人を育て、強い農業生産現場をつくることで、次の時代の農業経営を目指せると考えています。人材育成、生産工程管理、見える化、マーケティング、ロジスティクスなどなど。農業経営で直面している課題は多いですが、サイエンスとテクノロジーによって大きなイノベーションを起こせると考えています。

農業ほどクリエイティブでアカデミックな産業はありません。農業が新たな産業として生まれ変わる日は近いと実感しています。

過去から現在まで最も苦労した点

今まで最も苦労したのは、「ひとづくり」です。そして、これから最も苦労するのも、「ひとづくり」だと思います。事業を展開していく以上、どこまでいってもこの「ひと」の課題は続くでしょう。

しかし、だからこそ大きな可能性を感じるのです。人が育つことで、農業が産業として発展していくことを実感しています。「人を育てられる人」を育成できれば、その発展はさらに加速していくと思います。

「農業は畑に笑顔をまくこと」がモットー

今後のビジョンについて

次の時代を見据えた最先端の大規模施設の全国展開、「人を育てる人」を育成するオンラインアグリビジネススクールなどの人材育成事業、仲間たちとのフードバリューチェーン構築や農業ＩＣＴ・ロボティクス事業に海外事業など目指すところはたくさんあります。

近い将来、農業にイノベーションが起こると実感しています。農業は畑に笑顔の種をまく仕事です。農業で地域や社会をもっともっとよくしたいです。これからも「農業の新しいカタチを創る」ことに挑戦し続けていきたいと考えます。

社名	株式会社サラダボウル
会社・農園所在地	〒409-3843 山梨県中央市西花輪3684番地3
代表者名	田中　進
連絡先	TEL：055-273-2688 FAX：055-273-5559
URL	http://www.salad-bowl.jp/
問合せ先	担当部署（役職）：経営企画室 担当者：内田 TEL：055-273-2688 FAX：055-273-5559 E-mail：info@salad-bowl.jp
生産商品名	トマト・きゅうり・なす・葉物野菜（小松菜・ちんげんさい・水菜など）

嶋﨑 秀樹（有限会社トップリバー）

「儲かる農業」の全国普及は(有)トップリバーから始まった！ 出過ぎた杭は打たれない

農業へ従事するきっかけ

私は大学卒業後、サラリーマン（営業）になりました。当時、会社には年間３５０〜３６０日出社していました。苦痛ではありませんでしたが、２つの事から退社する決断をしました。

一つは、退社２年前の１年間は毎月歓送迎会があり、沢山の仲間が去っていく事。もう一つは、（当時）定年退職者が２人だけで、且つ私の尊敬する先輩達が35歳位になると退社してしまった事。

そのような環境から判断・決断し、縁もあり農業界に入りました（本当は農業業界が儲かるという認識・確証はありませんでした）。今本心で言えることは、20代であれだけの経験をさせて頂いたことについては、大変感謝しているということです。その時代があって、今の自分があると思います。

こだわり、セールスポイント

自分の幸せは当然ですが、従業員も幸せになれる様に考えながら仕事をしています。ですから、会社が成功（儲かる）しなければ我々も幸せになれません。

・契約栽培・契約販売を中心に考えたマーケットイン農業の実施をしています。
・若手農業経営者を３〜６年で育成（教育）し、独立させます。
・独立者が20名近くになり、６人が家を購入しています。
・４年目以降の研修生には、年収３００万〜５００万を支給しています。
・地域農業を活性する為のプロジェクトを実行しています。

現在の日本の農業をどう見ているか

日本農業は大きな転換期を迎えています。私達は農業者として最大限の改善・改革を行うべきです。しかし、行政はその対応策に対し適切な手を打っていません。よって、暫くは日本農業は変われないでしょう。

しかし、全国には能力のある若者経営者が育ち始めています。問題は彼らのような人材をいかに増やし、教育するかです。その為には行政、ＪＡそして農業経営者が手を繋ぎ、前に進まなければいけません。その解決策として、行政の支援方法

儲かる農業の先導役を努めるトップリバー

の大転換が必須。農と農業では必要としている支援が異なり、区別することが効率的な農業の発展になります。各々の条件に合ったレールがひければ、今の農業も大きく変わります。

過去から現在まで最も苦労した点

時々同じ質問を受けますが、私の記憶では特別苦労したことはありません。お金・人間関係・仕事問題等多少はありますが、従業員や仲間に助けられてきたので、あまり感じません。もしかしたら私が苦痛に感じないのは、20代のサラリーマン時代のおかげかも知れません。当時３５０日／年以上の出社、１日12～15時間の拘束、そして働く先輩達からの暖かいアドバイス等、今思い出しても本当に感謝しています。そのような経験のおかげで、今も休むことなく毎日仕事をさせて頂いております（病気等以外では）。もちろん今でも人材育成問題を含め、日々不安との闘いですが。

よって、最も苦労することには、今後出会わないか、経験しないままで人生が終わるのかなと思います。

今後のビジョンについて

手前味噌ではありますが、トップリバーは農業の人材育成と契約栽培・契約販売で一つの「儲かる農業」の基礎を築きました。しかしトップリバーは、ここで立ち止まることはありません。今後更に当社だけが大きくなっても、一つの点でしかありません。これからは大きな点ではなく、地域（行政・ＪＡ・農家等）が縦・横で手を繋ぎ、２次元から３次元の農業を行う時代にしなければいけません。その為に、私達が出来る最大限の努力をすべきでしょう。それが新しい日本の農業であり、農業者を幸せに導く事です。

我々は農業界で必要とされるであろう新しい世界に確実に進むことを目標に生きていきたい。「自分の為、人の為に」。

農業だけでなく、人材育成もウリである

社名	有限会社トップリバー
会社・農園所在地	〒389 -0206 長野県北佐久郡御代田町御代田3986-1
代表者名	嶋﨑　秀樹
連絡先	TEL：0267-32-2511 FAX：0267-32-6670
URL	http://www.topriver.jp/index.html
問合せ先	担当部署（役職）：専務 担当者：嶋﨑田鶴子 TEL：0267-32-2511 FAX：0267-32-6670 E-mail：t-simazaki@topriver.jp
生産商品名	レタス・サニーレタス・グリーンリーフ・キャベツ

菊池 千春（信州森のファーム）

土づくりの原点は杜（もり）にある

農業へ従事するきっかけ

日本の国を支えているのは、農業。農は国の基（もとい）。環境を守り、食料を生産している。資源の少ない小国で主力である工業を支えているのは、農業だと思います。

人間、生きていく原動力の食物が安全で美味しくなくては、活力は生まれません。その基を担っているのが農業です。私の地域は自然環境に恵まれ、未来に引き継がれる農業地帯です。

こだわり、セールスポイント

夏の野菜栽培にはぴったりの自然条件に恵まれた、冷涼な高原地帯での野菜栽培です。

山の土着菌を活用し、酵素でボカシ堆肥を自家生産し、土づくり20年以上の実績を原動力に、レタスの最高級ブランド化に取り組んでいます。

現在の日本の農業をどう見ているか

日本農業の一番の失策は、自分で作った農産物を人に任せて販売したこと。自分で作って、自分で売る。それをしなかったこと。

農産物の経費はかかっています。日本の人口の３％の農業者が１億２千万人の食糧を生産しています。それを、一般消費者

のみなさんに理解してもらいたいです。
ＴＰＰをするなら、環境を守り、安全な食糧を生産している農業を国策としてみんなで守るべきだと思います。

過去から現在まで最も苦労した点

小規模な農地を大規模化したことと土づくりです。土作りは1年、2年ではできません。5年、10年はかかります。労働力が今一番の課題です。日本人のやる気力が感じられません。外国人に頼る農業が、心配です。

今後のビジョンについて

日本人の一番好きな最高級ブランド化に、農産物を生産して差別化を図り、高品質な野菜栽培をしたいです。
自分で作って自分で販売をする。この農法を発展途上国に進め、国の基本はまずは農業であることから始め、食料の安全・安心を推進して自国の産業を確立することだと思います。それに協力したいです。

社名	信州森のファーム
会社・農園所在地	〒384-1303 長野県南佐久郡南牧村広瀬字野辺山1958-3
代表者名	菊池　千春
連絡先	TEL：0267-91-0551 FAX：0267-91-0552
URL	
問合せ先	担当部署（役職）：代表理事 担当者：菊池　千春 TEL：090-8873-1020 E-mail：chirorin@janis.or.jp
生産商品名	森のレタス、森の白菜、森のキャベツ、森の花豆、森の小麦（ゆめちから）

金田 大樹（長寿園）

次世代へ継承され　子供たちがあこがれる農業を

農業へ従事するきっかけ

菅平高原は農業、観光で開拓された標高1300mに広がる高原地帯です。我が祖先も入植者として菅平に入り、菅平の発展に寄与してきました。そんな家系に生まれ幼い頃から家業を手伝い、農業を身近に感じてきました。学生時代にはキク科、アブラナ科の育種を研究し、最先端の技術と知識を得ました。幼い頃から身につけた感性と知識を生かし、これまで先代が築き上げた農業から、新しい農業形態を求めていきたいと思います。

こだわり、セールスポイント

私の作る農作物は自然がそのまま現れたような豊かな味わいが特徴です。土作りには土壌分析を行い、自然との共生を目指すために必要な物だけを補っています。使用する堆肥は畑の性質に合わせ自家発酵させて作っています。そのため、畑の土の中には、たくさんの生物が住み着いています。そんな畑で栽培する品種についても、様々な品種を試作して、おいしいと納得できる物だけを作っています。とことん味にこだわった野菜を皆さんにお届けしております。

豊かな自然で農業に適した菅平高原

現在の日本の農業をどう見ているか

消費者は自分の意思でおいしい野菜を食べているのでしょうか。たとえば「レタスの選び方」のように決まり文句のある言葉に踊らされていないでしょうか。

野菜を品種で、栽培地で、栽培者で選べない流通優先を変えたいという思いがあります。

過去から現在まで最も苦労した点

JA出荷では、試作を重ね味を追求した野菜であっても、流通規格にそぐわないと商品価値を認めてもらえません。共選では個性を出してはいけないのです。そんな農業を変えていきたくて就農した頃から少しずつ始めた直接販売は、今では形を変えて一つの部門に成長しつつあります。一日中畑で黙々と作業をする時もあれば、営業に走る時もあります。自分で商品撮影をして、自分で野菜の魅力を伝える文章を書く。一昔前では考えられなかった農業の経営形態だと思います。移りゆく時代の変化を敏感に感じられるセンスを持ちたいと思います。

今後のビジョンについて

耕作面積が少ないため、生産量を確保することが難しいのですが、より多くの供給を求める声に応えていけるよう努力していきたいです。そのために自分の価値観を共有できる栽培者を育てること。長野県では就農を目指す方を支援する制度があります。私も里親として登録しており、人材を育成することをめざすとともに、のれん分け出来る人材を育てたいと思います。

おいしさを追求する栽培者を貫く金田さん

社名	長寿園
会社・農園所在地	〒386-2204 長野県上田市菅平高原1223-2468
代表者名	金田　大樹
連絡先	TEL：090-4615-4207、0268-74-2081 FAX：0268-74-3081
URL	http://www.ued.janis.or.jp/~choujuen/
問合せ先	担当者：金田大樹 TEL：090-4615-4207 E-mail：choujuen@ued.janis.or.jp
生産商品名	ロメインレタス・コールラビ・カラーニンジン・ビーツ・とうもろこし・レタス・ハクサイ

中野 俊彦（中野農園）

農業の3Kは「快適」「かっこいい」「金が儲かる」と伝えたい

農業へ従事するきっかけ

私の家は農業を営んでいますが、大学卒業後は一旦企業へ就職しました。しかし、家業の農業を継ぐために、企業を退社して就農しました。

こだわり、セールスポイント

当農場は、標高650m～850mの高地であることを活かし、時期をずらしながら夏秋トマトを中心に栽培しています。

経営の方針としては、超高糖度、超高品質のトマトを目指すのではなく、平均よりも高い品質のものを、平均以上の収量を収穫するという考え方に沿って生産しております。

省力化できるものは、機械の導入も含めて積極的に推進していますが、トマトに対する管理作業は、省力することなくしっかりと行っています。

栽培に使用する水には赤塚植物園グループの開発したFFCテクノロジーを応用した、酸化還元のバランス改善するFFCウォーターを採用し、また土づくりにはFFCエースという資材を採用して土づくりを行っています。この資材のおかげか、当農場のトマトの抗酸化値は、一般のトマトの平均値よりも高い値を示しています。

農園圃場の一部

現在の日本の農業をどう見ているか

現代の農業は、二極化が進んでいると感じます。規模を拡大できるかできないか。現在の生産方式を変えることができるかできないか。

高齢化も進み、じいちゃん、ばあちゃんが少しの規模で行っているというのが、一番苦しいのではないでしょうか。また、農業が苦しい産業という風潮ができていることは嘆かわしいことと感じます。

柔軟な発想をもって、規模拡大なり、品質の向上なりの対応をとることが必要な時代と感じます。

過去から現在まで最も苦労した点

当農場の面積を見られると、管理が大変ではという声を聞きますが、その点は大変ではありません。

一番恐れるのは、天候不順、台風などの災害です。特に台風は、ハウスの破損、樹の倒伏、圃場の崩れなど、被害が大きいのです。

ある年の9月に週2回の台風に見舞われた時は、さすがに堪え、その作を諦めようと思ったこともありました。しかし、バイヤーから10月の相場は絶対上がるから頑張れと連絡をもらい、なんとか10月に取り戻すことができたということもありました。

また、台風でなくとも冷夏、長雨などで、思い描いた作ができないこともあります。

今後のビジョンについて

短期的な目標としては、トマトの栽培面積を３００ａに増やすことがあります。

また、飛騨地域の特産であるもち米加工品「花もち」を当農場でも作っていますが、加工だけでなく、冬に栽培できる品目にも取り組んでいきたいと考えています。

また、農業の見られ方を変えたいという思いがあります。昔の教科書に、農業は３Ｋ「きつい」「きたない」「危険」と書かれており、家業がそのように書かれていたことを悲しく感じたことがあります。

地域の若い世代や子供たちに、農業は「快適」「かっこいい」「金が儲かる」の３Ｋであることを自らの姿で示すことで、農業に魅力を感じてほしいです。

農園で使うＦＦＣウォーター

社名	中野農園
会社・農園所在地	〒506-0818 岐阜県高山市江名子町1324-1
代表者名	中野　俊彦
連絡先	TEL：0577-33-6478 FAX：0577-32-7851
問合せ先	担当者：中野　俊彦 TEL：0577-33-6478 FAX：0577-32-7851
生産商品名	夏秋トマト（約270a）・もち米加工・イチゴ苗・露地野菜・水稲

高橋 佳奈（みのり農園）

土壌微生物がたくさんいる良い土と、水・空気が綺麗な環境で育った、味の濃い野菜をお届けします

農業へ従事するきっかけ

社会責任融資の担当として働いていた法人の新規事業で農業を経験。それまで親族、友人等、知人の中で農業に従事している人がおらず遠い存在だった農業について詳しく知ることができました。

野菜の栽培や販売方法の多様性に惹かれ、自分のやり方で農業をしたいと思い、独立を決意しました。

こだわり、セールスポイント

みのり農園を設立するにあたって、関西圏では珍しい黒ボク土で、物理性、生物性に優れた土地に農園を開設しました。「土」にこだわって就農地を決めました。

化学合成肥料・化学合成農薬を使用せず、堆肥・緑肥等の有機物を継続して畑に投入し、土壌微生物の住みやすい環境を整え、より良い土を作っていくことにより、味の濃い野菜を育てています。

現在の日本の農業をどう見ているか

「農業」と一言でくくられますが、栽培品目、栽培方法、販売方法を考えると多岐にわたっているため、同一に考えることは困難です。

収穫したばかりの野菜盛り合わせ

統計上は農業者の高齢化が進んでいますが、一方で企業参入や、若者がライフスタイルとしての農業参入を行っています。

とはいえ、それぞれの生産者が、既成概念に囚われず、個々のスタイルで経営できるため、魅力的な業界だと思います。

過去から現在まで最も苦労した点

数年間使用されていない畑を借りて就農しましたが、就農1年目は雑草化した作物の処理に追われました。以前同畑を借りていた人が、非常に繁殖力が強い作物を植えて、そのまま処理せず出て行ったため、私が畑を借りた時には敷地の２／３程度まで、繁殖していたのです。

耕運するだけでは絶えず、他の作物を植えても負けてしまうため、初年度は処理に時間と畑の大半を使うことになり、収入がかなり少なくなってしまいました。

今後のビジョンについて

■みのり農園の野菜をメインの食材とするレストランを開設

現状の取引先はレストラン、小売店がメインであり、直接消費者と接するのはマルシェ出店だけとなります。

レストランを開設し、直接消費者の反応を見て、より良い野菜作りに活かしていきたいです。

■野菜栽培技術上達

狙った時期に的確な個数の野菜を提供できるよう、栽培技術の上達を目指します。そのため、毎年播種時期、温度、収穫時期といったデータ取りを行い、翌年の栽培に活かしています。

生産者の高橋さん

土にこだわった農園

社名	みのり農園
会社・農園所在地	〒520 -1217 滋賀県高島市安曇川町田中4964
代表者名	高橋　佳奈
連絡先	TEL：080-4177-4284
URL	http://www.minorinouen.info http://www.facebook.com/MinoriNouenn
問合せ先	担当部署（役職）：代表 担当者:高橋　佳奈 TEL：080-4177-4284 E-mail：azarea0616@yahoo.co.jp
生産商品名	野菜

谷口 正友（農事組合法人アイガモの谷口）

自然の摂理にそった農業の実践 食を通して健康と幸せを創出する

自然農法を始める動機と目的

戦後間もなく開始した米作りも、時代とともに大きな矛盾を感じるようになっていました。工場生産のような稲作は、土を無視しています。他の生物を排除した利己主義的な発想の農業でいいのか。作る人にとっても食べる人にとっても、誰にも害をきたさない農業はないものかと思うようになり、考え続けました。

結果、そのような農業をするには、自然の摂理に沿った、「元に還る」農業でなくてはならないと感じたのです。自然の摂理を取り入れた独自性のある農業形態にすべきだと痛感し、自然界のすべての生物が共生している姿に一歩でも近づくことを目指して、アイガモ等を取り入れた自然農法を始めました。

こだわり、セールスポイント

私どもは、江戸時代より代々続く農家です。時代の移り変わりにもまれながらも守り続け、薬や化学肥料に頼らない、昔ながらの米作りを子どもたち、孫たちと一緒に行っています。

自然の恵みである母なる大地や川の贈り物として安全に生産し、選りすぐられた品を厳選し、待ち焦がれるあなたにお届けします。

いかなる時代が来ようとも、良い物は良いと、信じてくれる人のために私たちは、大地を守り挑戦します。

田んぼで泳ぐ鴨

私どもが生産した農産物を食べていただいたときに、安心と、幸せと、自然の恵みを感じていただくために努力を惜しみません。すべては、皆様の笑顔のために、自然を守り、自然と調和しながら、次の時代の子供たち、孫まちとともに前進してまいります。

現在の日本の農業をどう見ているか

自然環境の変化、異常気象、国際情勢など農業を取り巻く環境は厳しくなるばかりです。

農業がつぶれそうな時代だからこそ、私たちは、勇気をもって前進します。生命の源、日本人の主食である米を、自然のエネルギー（自然循環農法）で生産してこそ、皆様に喜ばれ、次の時代へ受け継がれると信じています。

過去から現在まで最も苦労した点

私たちが始めた自然循環農法は、誰も実践したことのない独自の農業スタイルです。常に、先頭を進む先駆者であり、開拓者のような意気込みで進んできました。

自然と共生してより良いものを生産すること、それらを厳選し製品化すること、私たちを信じて下さる方を増やすことなど、現在も努力し続けています。

今後のビジョンについて

「元に還る」精神を持ち、自然循環農法を継続して実践することを基礎にして、たにぐちオリジナルの農業スタイルを確立します。

誠実なものづくりに大切なことは、恵まれた自然の中で、作り手と買う人との信頼関係です。私たちの取り組みに共感して下さる方を一人ずつ増やしていきます。

そして、この地で、夢と希望を胸に農業をする後継者育成していきます。

社名	農事組合法人アイガモの谷口
会社・農園所在地	〒669-6728 兵庫県美方郡新温泉町対田409
代表者名	谷口　正友
連絡先	TEL：0796-82-4660 FAX：0796-82-4877
URL	http://www.organic-farm.or.jp
問合せ先	担当者：谷口美幸 TEL：0796-82-4660 FAX：0796-82-4877 E-mail：info@organic-farm.or.jp
生産商品名	たにぐちのアイガモ米・但馬鴨・たにぐちの白ネギ・大豆

川﨑　貴彦（川﨑農園）

安政7年から受け継ぐ伝統の技法と、高い品質の野菜をお届けする情熱を受け継ぐ農園

農業へ従事するきっかけ

皆様に愛され続けているお野菜を作っている、日々真剣に栽培に取り組んでいる想いが、あまり多くを語らない父親の後ろ姿から伝わってきました。私もいつしか父親のように皆様に愛されているお野菜を作りたいと思うようになりました。

こだわり、セールスポイント

泉州水なすは、泉州の地だと、どこでも美味しいものが出来るとは限りません。川﨑農園では、泉州貝塚市小瀬町で7つある畑のうち、水なすが最も好む土質・水質・環境すべてがそろっている畑を3つに限定しています。

この3つの畑に限定できるのは、代々、まじめに野菜と向き合ってきたからこそです。途切れることなく親から子へと受け継いできた技法・知識に基づいています。

川﨑農園のこだわりは、栽培方法のみではありません。現在、水茄子の浅漬け・塩麹漬け・コンフィチュール・ツン辛漬けといった加工品も手がけています。これらの加工品は、全て鮮度と旨みを損なわないために、農園内の調理場で収穫直後に加工されています。

加工品も手がけている

現在の日本の農業をどう見ているか

日本は昔から醗酵食品が多く、醗酵に関する知識・技術は世界でトップクラスだと思っております。その素晴らしい醗酵の技術を生かして肥料設計すれば、どこにも負けない確かな品質のお野菜の栽培ができると思います。

過去から現在まで最も苦労した点

毎年気候などの変化に伴い、1年に1回しか栽培の機会しかありません。日光の調整や水分量・防除をするタイミング・肥料設計などの、毎年の数少ないチャンスをどのようにして吸収し、父親に追いつけるかに、今も苦労しています。

限られた畑でしか栽培しない、特別な水なす

今後のビジョンについて

日本一の水なすを栽培することです。

川﨑農園では、思い描く理想の水なすがあります。

そのためには、「こだわり、セールスポイント」でも述べているように、土質・水質・環境を毎年理想に近づけるように試行錯誤しています。

例えば、土壌検査にしても、外部機関に出さずに農園で行っております。その理由として、土を乾燥させて検査する重量法が一般的ですが、それだと誤差が大きく出るため、別の方法で自ら土壌検査を行い、そのデータを基に施肥設計を行います。

しかし、設計だけで理想の水なすが栽培されるわけではありません。今まで培ってきた経験と、代々受け継いできた知識・技術を駆使し、愛情をもって接することで、水なすが好む環境を肌で感じ、理解していくことが、理想の水なすに近づいていくことだと思います。

社名	川﨑農園
会社・農園所在地	〒597-0021 大阪府貝塚市小瀬1-7-23
代表者名	川﨑　貴彦
連絡先	TEL：072-477-6648 FAX：072-477-6648
URL	http://kawasakifarm.com
問合せ先	担当者：川﨑　貴彦 TEL：080-1448-0524 FAX：072-477-6648 E-mail：takahiko@kawasakifarm.com
生産商品名	泉州水なす・貝塚極早生玉ねぎ・勝間南瓜・ほうれん草・小松菜・サラダ水菜

梁守　壮太（やなもり農園）

野菜嫌いの自分が食べられる「旨い！」に、こだわった野菜たち
肥料を調味料に、料理のような栽培　野菜の魔法使い

農業へ従事するきっかけ

大学を卒業してから高校教師をしていたのですが、親が倒れ跡取りの兄が畑を放棄して家を出てしまい、次男の家業の農業を継ぐことになりました。

家には畑がたくさんあるので、農業のことを勉強してみると、色々な栽培方法があり、それによって今までに食べたことのない味や大きさや素晴らしい作物ができあがると知ってしまい、引き込まれるように農業へ従事することになりました。

こだわり、セールスポイント

味にこだわった野菜たちを栽培して、気に入ったお店（レストランやホテルやデパート）に納品しています。

アイスとうもろこしは、冷やして生で食べるという少し変わった食べ方となりますが、これがめちゃくちゃ美味しいというもろこしです。皮が薄くジューシーで甘い飲み物をのんでるような感覚になります。

年間で60品目の野菜やフルーツを栽培しています。そのほとんどが肥料を料理の調味料のようになって美味しい野菜やフルーツが出来上がります。

20年前から味にこだわった栽培方法をしています。昆布の搾りかすやバットグアノなど、その当時は手に入りにくいものや、高価な肥料もたくさんあり、採算度外視農法とまで言われました。

今では、私のわがままを聞いてくれる企業様方に守られ、好きな値段で美味しい旬の野菜だけを、好きな時に出荷できる農家になり、デベロッパー様から屋上菜園の土を作り菜園講師や飲食店のコンサルなどもさせていただいています。

現在の日本の農業をどう見ているか

私から見た日本の農業は、8割が食べるために大量生産された野菜、2割がこだわった野菜たちです。こだわった野菜の半分が無農薬有機栽培野菜、もう半分は味にこだわった野菜で、どちらもお客様のニーズに答えた野菜だと思います。

ＴＰＰなどで、世界はどこのニーズを崩しに来るかを考えたら、どのような農業をやっ

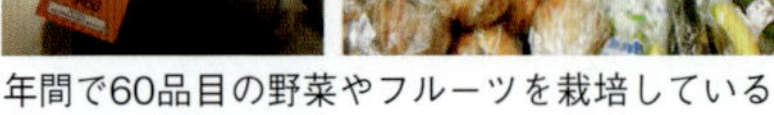
年間で60品目の野菜やフルーツを栽培している

ていくべきか理解出来ると思います。今までは、全農、卸市場、農林水産省に守られてきた農家さんたちが、新しい農業に取り組まなければいけない時期に来ています。

私は回転寿司を販売するのではなく、皆様に愛される、こだわりの鮨職人として頑張っていきたいと思います。

過去から現在まで最も苦労した点

昔はイタリアやフランス、イギリスなどの種がなかなか手に入りませんでした。見たことも味わったことのない美味しい野菜を作っても、高級な値段では販売できませんでした。徐々にマスコミや雑誌に取り上げられ、ファン倶楽部などもできて知名度が上がるにつれ、取引値段も上がって黒字になってきました。

栽培にお金が凄くかかるし、ゆっくり成長させていくので年間2作しか作れません。ハウスなどは1作物1回だけとなります。収支に苦労しました。

アイスとうもろこしで作ったアイスクリーム

今後のビジョンについて

海外から来るお客様などに、畑に直接来てもらいます。そして、取引先レストランやホテルに滞在してもらい、美味しい野菜や料理を楽しんでもらえるような、みんなに喜んでもらえるシステムづくりをやっていきたいと考えています。

やなもり農園の作っているとうもろこしで作ったオリジナルのアイスクリームを年間２０００個販売していますが、自分でもいろんな野菜ジェラート店なども出店したいという目標があります。

後継者育成を兼ねた農業者育成スクールも企業様と一緒になって行い、技術や工夫ができるトップクラスのレベルの農家エキスパートを育てていくことができればと思っています。

社名	やなもり農園
会社・農園所在地	〒562-0023 大阪府箕面市粟生間谷西7-14-6
代表者名	梁守　壮太
連絡先	TEL：072-727-4532 FAX：072-727-4532
URL	http://yanamorinouen.shop-pro.jp/
問合せ先	担当部署（役職）：代表 担当者：梁守壮太 TEL：090-5906-7067 FAX：072-727-4532 E-mail：yanamori_nouen@hcn.zaq.ne.jp
生産商品名	アイスとうもろこし

中野 芳男（下関 川棚温泉ロハス農園）

地域の自然環境を護り、旬の野菜を生産する生産地域で有機物循環を中心に代替資材も地域の物を可能な限り使用する

農業へ従事するきっかけ

有機農法農産物の産地開発、有機農法農場開設のコンサルをしていた頃、経営に苦労されている農家とお付き合いする中で、自分で農業をしてその結果で語ることのできる農業者になりたいと考え就農しました。

就農して経験したのですが、有機農業の実際は、苦労の連続でした。開墾のような農作業から始まり、地域の環境になじんだ畑になってきたのが5年目くらい、それからようやく前職の流通とマーケットづくり経験が噛み合ってきて、若手農業者へ総合的なアドバイスができるようになりました。

事業として大きくしていくのではなく、有機（自然農法）でもいろんな経営方法があるということを追求し、若手新規就農者への支援をしています。栽培技術、マーケット作り、商品ブランディング、総合的な農業経営の時代だと感じています。

こだわり、セールスポイント

有機認証制度の中で認められた防除資材も使用せず、地力と植物体の防御能力のみを頼りにした栽培方法です。種苗は固定種、自家採種を基本とし、この地域に合った種の保存に努めています。昨今の気候変動に対応できる種と栽培方法も数種類出来ました。

効率一辺倒の農業ではなく、自然とゆっくり向き合う農業もあるということを実感しています。それは昔が全ていいのではなく、現在の農学が証明しつつある科学的情報を使い、我々が知らない自然界の力に目覚めていくことだと思います。

有機（自然農法）農業の可能性はこれからだと考えています。

現在の日本の農業をどう見ているか

ボーダーレス化された世界は食、文化、産業が均質化されつつありますが、それはいい面もあれば悪い面もあります。

地力と植物体の防御能力のみを頼りにした栽培方法

農業生産で考えますと化石燃料に依存した生産形態が増えています。環境も自然の復元力を上回るスピードで変化が起きています。設備産業を維持していくために農業の工業化やその技術に注目が集まっています。

しかし反面、自然が持つ復元力、気候に順応しようとする植物の潜在力など、現代人が忘れつつある自然の力が日本にはあるように思います。合わせて種苗はＦ１種が主流になり、在来種、固定種が年々減少しつつあります。

人間の生活文化が自然界の頂点にあるのではなくて、豊かな自然生態系の中に人間は生きていくべきであると思います。

自然農法で常に旬の野菜を生産する中野さん

過去から現在まで最も苦労した点

農業経営の充実は効率化の中に全てがあるのではなく、自分が目指す生き方と農業の形態が一致するのに時間がかかりました。

自分が目指す農業のあり方とその中で生産されたものを受け入れてくれるマーケット形成に労力と時間を要したのです。蓄えが底をつき始めた頃、ようやくある道筋が見え始めました。

今後のビジョンについて

現代の人が認める農業の関心は、農的暮らしなのか、自然豊かな環境への憧れなのか、もっと考えてみる必要があると思います。

効率的な単品種、大量生産の農業も必要でしょうが、ロハス農園はもう少し地域の自然、変化していくであろう気候に寄り添い考える農業生産を考えていきたいと思います。機械も必要でしょうし、資材や技術もベターな自然農業効率を考える農業の実践に精進していきます。

社名	下関　川棚温泉ロハス農園
会社・農園所在地	〒759-6301 山口県下関市豊浦町川棚5139
代表者名	中野　芳男
連絡先	TEL：083-775-2001 FAX：083-775-2002
URL	http://lohas-farm.com
問合せ先	担当部署（役職）： 担当者： TEL： FAX： E-mail：
生産商品名	年間旬の野菜

土井 志則

（株式会社ミライエｆａｒｍ）

山口の農業をきちんとした第一産業として発展させる起爆剤に

農業へ従事するきっかけ

学生時代から続けてきた野球をやめ、10年会社勤めをして、東京生活最後の1年を、出会いと挑戦の年として、人脈作りと起業を決意しました。

実家は農家ではありませんが、山口の土地を活かしつつ活性化させる方法として就農を決意。

また、日本特産ということと、砂地を活かした生産物として自然薯を選択し、未来に向かう山口という思いを込めて「ミライエｆａｒｍ」と名づけて起業しました。

こだわり、セールスポイント

日本古来の作物「自然薯」を生産しています。

日本では縄文時代から食されていましたが、若者の認知度を高めるために本来出やすい「アク」を出さぬよう栽培方法を工夫し、耕作2年目にして東京進出を果たす程の高機能野菜に成長しました。

現在の日本の農業をどう見ているか

現在は補助金制度などがありますが、今後は補助金が終了したときに企業としてどう自立出来ているかが大事だと思います。

過疎化が進むなか、なぜそうなってしまうのかを自治体だけ

日本古来の作物「自然薯」を生産

でなく県として真剣に取り組まなければ、今後の人口増加や若者の就農が見込めないと危惧しています。

過去から現在まで最も苦労した点

栽培方法の確立と若手農家の育成、効率的な流通システムの開拓です。

今後のビジョンについて

本来漢方として重宝されてきた「自然薯」を世界に発信し、若手農家に希望を与えられるべく製品の向上と出荷量、流通システムを開発・開拓し、就労環境を整え、今後様々な企業が参入しようとも巻かれない自立した企業として成り立たせていきたいです。

それと同時に山口全体が活性化していくようこころがけていきたいと考えています。

第一次産業として起爆剤になりたいと語る土井さん

耕作２年目にして東京進出を果たす程の高機能野菜に成長した自然薯

社名	株式会社ミライエfarm
会社・農園所在地	〒747 -0522 山口県山口市徳地島地140-4
代表者名	土井　志則
連絡先	TEL：0835-54-0031 FAX：0835-54-0039
URL	作成中
問合せ先	担当部署（役職）：代表取締役 担当者：土井志則 TEL：0835-54-0031 FAX：0835-54-0039 E-mail：miraiefarm@gmail.com
生産商品名	自然薯

近藤　政弘（近藤農園）

甘くてホクホクのさつま芋　食べて下さるお客様の笑顔が見たい一心で、真心込めて作っています

農業へ従事するきっかけ

元々、建設会社で現場監督として勤務していましたが、さつま芋農家を営んでいた父が他界し、家業を継ぐことを決意しました。

こだわり、セールスポイント

徳島県産なると金時は、吉野川河口のミネラルを豊富に含んだ砂地で栽培しているため、糖度・色ツヤ・形状の良いものを作ることができます。

お客様に安心していただける商品を提供できるよう、除草剤等の農薬の原料に努めています。また、出荷時の選別においても、お客様の手元に届いた時のことを考えて、適切な規格に沿う選別に努めています。

また、多くの方は農協で出荷していらっしゃいますが、近藤農園は操業開始から50年経つ現在まで、ずっと市場と直接取引をしています。

農協を通した出荷だと、店頭に並んだ際に、どこの誰が育てた作物か分からなくなってしまいます。近藤農園が出荷するなると金時には、私の父親の名前「近藤広」というブランド銘を付けております。近藤農園のなると金時は、市場を通して全国に出荷されています。誠心誠意育てた作物の販売を50年間続けています。

現在の日本の農業をどう見ているか

現在、ＴＰＰ等農業に対する社会情勢が厳しく変化する中、更にブランド力を高めていく必要があると思われます。

消費者は、国産野菜に対して「より良い商品をより安く」求めている傾向があると思われます。その気持ちに応えたいのはやまやまですが、それには生産コストがかかり生産者への負担が増すばかりになるので、もう少し野菜の価値が上がり、単価が上がることが望ましいです。

そうでなければ、農業で生計を立てていくことが難しく、更なる後継者不足につながっていくのではないでしょうか。

また、大規模農家への集約化と政府は言っていますが、外国と違い、日本の地形上、集約だけでは耕作放棄地の問題が解決するとは思えません。

過去から現在まで最も苦労した点

ビニールハウス内での苗の育成、肥料の加減、収穫後の貯蔵庫での温度・湿度の管理、最終出荷時の選別の厳格化など、ほとんど素人の段階からのスタートだったので、周囲の先輩方からの助言を頂きながら、試行錯誤の毎日で、ほぼ全てにおいて苦労しました。

また、最近の大雨等の気候変動、気温の上昇に対応できる芋作りはどうすればよいのか、日々勉強は続いています。

就農する前は現場監督をしていましたが、どのような仕事でも、「10年で一人前」と言われています。しかし、農業は、「一生かかって一人前」。天候に左右されますし、毎年同じ条件で作業できるわけではありません。雨量や温度差に応じて、作物を育てる際に様々なことを変えていく必要があります。

まるで、越えなくてはならない壁がどんどん出てくるように感じる時もあります。ですが、壁を乗り越えられると、とても面白い仕事だと感じることもあります。

今後のビジョンについて

今以上に良い作物が作れるよう、常に様々な情報を収集し、良いと思うことは取り入れながら商品の安定供給に努め、販路拡大、海外への輸出を目指します。

「なると金時」としてブランド力を確固たるものにし、維持し、更に高めていくのは勿論のこと、自社製品として販売しているので、自社ブランドとしても良い評価をいただけるよう、引き続き向上していくことを目指して努力していきます。

社名	近藤農園
会社・農園所在地	〒771-0103 徳島県徳島市川内町76番地
代表者名	近藤　政弘
連絡先	TEL：090-8970-6322 FAX：088-665-0346
URL	
問合せ先	担当部署（役職）：代表 担当者：近藤　政弘 TEL：090-8970-6322 FAX：088-665-0346
生産商品名	なると金時

島勝 伸一
（ピー・ジー・エス株式会社）

大自然の恵みとすべての命に感謝し、自然の恵みの範囲で生きる、欲張らない生き方

農業へ従事するきっかけ

私が還暦を迎え、６次産業の講習会・先進地視察などに参加する中で、農業では生活していけない現実から、後継者がなく、高齢化で遊休地や耕作放棄地が増え、川や里山をはじめ、環境が狂い始めていることに気付いたとき、農業はこのままではいけないと感じました。

また、農業が地方経済の基盤であり、そこが疲弊すると、その川下の地場伝統産業である、酒造、味噌、醤油などの発酵産業や地元流通業・サービス業も消滅し、金融資本優勢の産業や流通で利益は吸収され、地方はますます貧困化してゆく構図になってしまっていることに気付いたのです。

そこで、農業が主導権を握る（価格決定権を持つ）システムを作ろうと思い、農業に関わりたいと考えました。

こだわり、セールスポイント

すべての命（鉱物から微生物そしてヒトまで）が共生して生きる中で栽培した農作物です。また、それらを原料として微生物の力を借りた、二次生産物を、既存加工業者と協働して作り上げました。

作物をはじめ生物の生成には微生物や昆虫などの働きなくては循環できるものではありません。この小さな命は、わずかな毒性物（農薬・除草剤・科学肥料は言うに及ばず出所不明の堆肥）でも命の危険があります。

これら危険物を出来るだけ排除した木村式自然栽培は、すべての命を生かすことに繋がっていくものと思っています。

無農薬無肥料でも十分収穫出来ることを実証

現在の日本の農業をどう見ているか

日本の国土は70％が森林で、残り30％に1億3千万人弱の人が住んでいます。人口に比べ農地が少ない中で、先人はあらゆる可能性のあるところを開墾し、世界でも珍しい多品種の作物を作り、林業漁業も併用しながら３０００年の生活を刻んできました。

また、食料としての農産物は、生活圏の周辺から手に入れることが基本です。広大な大地での工業的に大量生産した穀物や肉は、補助的に採用しても、基本は国内生産物で十分賄われます。

日本は食料自給率が低いと言われますが、そうではなく、零細兼業農家があるおかげで、データの表面に出ない農産物が消費されているのです。

過去から現在まで最も苦労した点

農産物は使った労働力や投資額に比べ安価すぎるのですが、農地の広大さに比べ人口が少ない新大陸や、発展途上国の農産物に比べると高い。また、遺伝子組み換え作物など工業化農作物との比較、大資本が工業製品の輸出とのバーターで行っている商品との価格競争です。農産物が高く売れないと農家所得は上げられないが、高くなると低所得層には買えないなどの問題も残ります。

安全で健康によい農産物をどう知ってもらい、その再生産に適合する価格で販売できるかが、今までも、これからも一番の問題です。

今後のビジョンについて

この4年間で得た米と米加工品のお酒の成功事例を一般の農家に周知して、無農薬無肥料でも十分収穫出来るので農家の参加を促し、生産規模を拡大したいと考えています。それが、地球温暖化など環境を守る活動にも繋がっていきます。

また、農産物をはじめ一次産業の産品は収穫後劣化が激しく、その加工が必須となります。未加工品は安価な地産地消をめざし、２次加工品の開発と販売は国内各地及び海外にも広げていくことを目指します。

木村式自然栽培で危険物を排除

社名	ピー・ジー・エス株式会社
会社・農園所在地	〒776-0013 徳島県吉野川市鴨島町上下島81-6 農園は、県下一帯の協働農家の皆様
代表者名	島勝　伸一
連絡先	TEL：080-3533-5146 FAX：0883-22-0311
URL	http://visco.jp/
問合せ先	担当部署（役職）：代表取締役 担当者：島勝、新開、北原 TEL：080-3533-5146 FAX：0883-22-0311 E-mail：katsushin@arigatou.ok1.jp
生産商品名	米・野菜・果物・加工品

矢野　匡則（株式会社　三豊セゾン）

農業を通して　心を豊かに　暮らしを豊かに　大地を豊かに

農業へ従事するきっかけ

農作業をしている父の姿を見て育ち、何のためらいもなく農業高校・専門学校へ進学。21歳から農業を始めました。

当初は家族経営でしたが、「規模を拡大したい」という夢と、「自分で作ったものを自分で売りたい」という想いがあり、40歳のときに法人化しました。

こだわり、セールスポイント

消費者が食べて安心できる、美味しいと思える野菜作りを目指しています。米は紙マルチを敷いた無農薬栽培、レタスは農薬や化学肥料を5割以上減らした特別栽培です。環境に人にやさしく、美味しい物づくりを常に努め「三豊セゾンブランド」を確立しています。

スーパーやカット野菜工場への出荷を柱として、地元学校給食へも食材提供しています。また、地元の子供たちへ、稲刈りや野菜の収穫を体験できる機会を提供し、食育を推進しています。

最近では、全国のレストラン・ホテル・居酒屋などにも直接販売しており、お客様にご好評をいただいております。

現在の日本の農業をどう見ているか

法人化して22年、その当時は高齢化による遊休地が多くあると言われている割に、農地を集めることが難しいという状況がありました。

しかし現在は、当社でも20haを借りており、毎年1haずつ増えている状況で、農地に困ることが少なくなりました。高齢化が進み、放棄地が多く出ているのだと思います。

農協への出荷量も目に見えて減少しています。

収穫時期は物が多くあるため安値となり、物が無いと高値と

レタスの収穫

なり、安⇕高の繰り返しとなり、農家の収益は年々少なくなっています。単に法人化しただけでは、地域は潤わないと考えています。

過去から現在まで最も苦労した点

法人化してもなお、人集めがとても難しい現実がありました。昔は、隣の徳島県まで送迎付きで人を集めてきました。

全国から若い人を集めようと、平成15年には宿舎を建設しました。

求人会に積極的に参加して従業員を多く集めても、結局、長続きせず、規模拡大が思うように進みませんでした。

10年位前から外国人研修生を5名ほど雇用しています。

自社で生産・販売している関係で、倉庫・機械などの設備にかける資金調達や、生産だけでなく販売・営業も担える人材育成にも苦慮しています。

トンネルレタスの収穫

今後のビジョンについて

農業で、地域の発展を！

農業で、活気ある地域づくりを！

地域の環境に配慮して、遊休地の解消を図りながら規模の拡大を進めていきます。

平成23年㈱三豊ファームサービスを設立しました。この会社は、まわりの農業者と連携して立上げました。連携することで、資材調達がスムーズにできるなど、農家さんが農作物を安心して生産できる環境を整えています。

消費者のご要望に柔軟にお応えできる、安定した供給体制を仕組み化していきたいと考えています。生産販売だけでなく、6次化にも取り組んでおり、農業の幅を広げてきたいと思っています。

地元の学校給食への納品を通して、食育に関わったり、農業体験の開催やイベントに参加したりするなどして、活気ある地域づくりをしていきます。

社名	株式会社　三豊セゾン
会社・農園所在地	〒769-1611 香川県観音寺市大野原町大野原6076-2
代表者名	矢野　匡則
連絡先	TEL：0875-54-2075 FAX：0875-54-2387
URL	なし
問合せ先	担当部署（役職）：代表取締役 担当者：矢野匡則 TEL：0875-54-2075 FAX：0875-54-2387
生産商品名	レタス・グリーンリーフ・青葱・にんにく・玉葱・スイートコーン・米

村上 尚樹（農）無茶々園ファーマーズユニオン天歩塾

田舎暮らしと事業。文化性が向上することで人間性が向上し、それが作物の安心に

地域力を育む職業、などいろんな意味合いを求めて情緒的にも技術・経営的にも有機農業を深化させて、〝よい〟職業、仕事を展開させていく事を目的とします。

農業へ従事するきっかけ

学生時代に初めて無茶々園の里明浜町を訪れ、就職活動が無事終了した時期に、ただ単に〝仕事〟ではなく、田舎での仕事と生活が表裏一体になった〝生き方〟にふれ、こんな生き方もありかなと感じ、この世界に飛び込んでみました。それから2年間ほど日本各地の農業法人で研修を体験し、無茶々園に戻ってきました。また、無茶々園ではファーマーズユニオン天歩塾という、農家とは違う新しい農業経営形態を模索する事業が始まりました。こちらの方言で、向う見ずな、無茶な挑戦をしようとする様子を〝てんぽな〟といいます。やっと歩き始めた子供が梯子に登ろうとする。この行為を夢追いロマンの行為ととるか、危険な行為ととるか。天歩塾はそこを究めることを併せて目的として事業を運営しています。

こだわり、セールスポイント

Iターン就農者が集まって、農家という形とは違った農業、継承産業と呼ばれる農業で、知識も経験も技術も何もない、ないないづくしで始まりましたが、何もないからこそ既成概念にとらわれず、地域の人々（農家に限らず）や仲間たちと共に、農業を経済的な側面からのみ捉えず、例えば自然に近い立場で生きる、生産に軸をおいた家族のかたち、健康的な職業、消費者の皆さんとのつながりを感じる職業、地域文化を守る職業、

仲間たちと既成概念にとらわれない農業事業を展開

現在の日本の農業をどう見ているか

農業人口の減少、高齢化、自給率の低下、後継者不足、日本全体の人口減少の中、本当に価値のあるものこそ、これから求められると感じます。だからこそのチャンス、変革期の中でゼロベース思考でもって、自由な発想、創意工夫次第で未来を拓くことのできる産業であるとも考えられ、社会のニーズに沿って作り手、買い手共に、新しい価値観、ライフスタイルを提示、創造していく機会でもあると思います。

過去から現在まで最も苦労した点

知識も技術も経験もない研修生（Iターン就農者）での事業で、新しい土地と新しい仕事に失敗の連続でした。まず事業を成り立たせることが一番の問題、利益を上げる事は目的ではなく条件、その条件を満たせるまでに時間がかかりました。農業はなんでもできなければなりません。事業計画、作付け計画、生産管理、畑作業から機械の整備まで、出荷管理、販売対応、顧客対応、地域活動への参加。1年周期の自然と共に行う農業という産業。楽にはできませんから、楽しくやるしかない。当初は有機農業だから儲からないのではと感じた事もありました。今では有機栽培だからよかったと言えるのですが…。

今後のビジョンについて

自分達が幸せに、心を震わせる事をいかに多く得ることができるかという事、人と人との関係性や今までできなかったことができるようになるという事（成長するという事）。地域や社会の役に立ち、何かに依存するのでもなく、独立するわけでもなく自立した人間・組織を目指していきたい。その為にやっぱり仲間つくり。無茶々の里の担い手の一員になれるように、地域に根ざし、文化、伝統に敬意を持ちながら、新しい地域発の価値をつくり、伝えていきたい。そんな事業・運動を展開していく事。そして、自分達が実際今ここで生きていける場を得られたように、同じように自分達が職業としての〝農業〟、こんな仕事、こんな生き方を選択肢の一つとして創造し、都市部の若者に提示していけたらなと思います。

農園から瀬戸内海を望む

社名	（農）無茶々園 ファーマーズユニオン天歩塾
会社・農園所在地	〒797-0113 愛媛県西予市明浜町狩浜3-256
代表者名	村上　尚樹
連絡先	TEL：0894-65-1417 FAX：0894-65-1638
URL	http://www.muchachaen.jp
問合せ先	担当部署（役職）：ファーマーズユニオン天歩塾　リーダー 担当者：村上　尚樹 TEL：090-1003-9829 FAX：0894-65-1474 E-mail：murakami@muchachaen.jp
生産商品名	柑橘・野菜・加工品

永光　一哉（オーガニック・ナガミツファーム）

農薬や化学肥料は使わず、安全な有機野菜を生産しています（認定番号：糸島23-067）

農業へ従事するきっかけ

園主の永光一哉が多少の潔癖性であるため、農薬や化学肥料を一切使わず営農を開始しました。「世の中を変えてやる！」的な崇高なポリシーなどはありません。薬品に触れたくない、薬漬けのスーパーの野菜なんか食べたくない、ひいては、お買い上げ頂くお客様に粗悪な野菜をお届けするわけには行かない、といった気持ちで有機農業を志した次第です。

こだわり、セールスポイント

お客様にはできるだけ新鮮なものを食していただきたいので翌日の持ち越し販売はしておりません（もちろんジャガイモ、タマネギ、カボチャ等の保存野菜は別です）。これは、生産者が栽培した野菜を直接お買上げいただく際の最も大きなメリットです。

一般野菜に加え、西洋野菜などの付加価値が高い野菜を、バーニャカウダ用、ココットアヒージョ用、蒸し料理用、グリル野菜、サラダ野菜、ピクルス野菜、ジュース用などのセットにして飲食店をメインに販売しています。

現在の日本の農業をどう見ているか

現在の日本の農業に関しては、農業委員だけに任せない耕作

潔癖症なまでに農薬をつかないことを徹底している

放棄地対策、補助金のバラまきに終わらない若年層の就農支援、若手営農者が担う形での地域リーダーの育成、以上を行政サイドの施作として進めていただくことを希望します。

過去から現在まで最も苦労した点

苦労した点は労働力の確保と野菜の病害虫対策、連作障害対策など。

好きで入った世界なので、あとは楽しいことばかりです。

今後のビジョンについて

無農薬・無添加のピクルスやドライフード、野菜ジャムなどの加工品部門を強化して全国供給を行う予定です。

将来農業を志す方に対する研修も積極的に行っており、全国から様々な経歴の方が日々農園を訪れています。短期、長期問わずお気軽にお出でください。

新鮮な野菜をその日のうちに販売

社名	オーガニック・ナガミツファーム
会社・農園所在地	〒819-1304 福岡県糸島市志摩桜井1489
代表者名	永光　一哉
連絡先	TEL：090-1362-9961 FAX：
URL	http://visco.jp/ Facebook：http://www.facebook.com/NagamitsuFarm/
問合せ先	担当部署（役職）： 担当者： TEL： FAX： E-mail：ngmtfarm@gmail.com
生産商品名	露地野菜、施設野菜

大庭 達也（合同会社 ファーベ（ファーベ農園））

農薬・化学肥料を一切使わずに栽培した旬の野菜をお届けする

農業へ従事するきっかけ

全く農業とは縁のない職種に従事していました。パソコンに向かって一日をせわしく過ごす日々でした。ちょっとしたきっかけで、ゴーヤの種をもらい、ベランダのプランターで栽培を始めました。

生まれて初めて育てた野菜はすくすくと育ち、大きな実をつけてくれました。

それから他の野菜も育てたいと、20㎡の貸農園、翌年には100㎡の土地を借り、野菜作りに励みました。

最初は作ることが楽しいだけの野菜作りでしたが、農薬や化学肥料を使った栽培方法がいかに危険かを考えるようになりました。

家庭菜園では、農薬を使わないことが当たり前のようでしたが、スーパーに並ぶ野菜はそうでないことが多いようです。

「子供が食べる野菜は自分で作りたい。」安全な野菜は自分で作るしかありません。

でも、自分で作れない人は…

家庭菜園で愛情をかけて作ったような、安心安全の野菜を提供したいとの思いが募り、農業を始めました。

こだわり、セールスポイント

健康な体は、健康な野菜で作られます。

ファーベ農園

農薬を使わない、地球にやさしい野菜作りが、人にも環境にも大切だと考えます。

無農薬にこだわり、化学肥料・除草剤を一切使わず、肥料も極力少なくして、愛情をこめて栽培した野菜を「野菜セット」としてお客様に提供しています。

露地野菜が中心で、色や形が不揃いなこともありますが、朝採りした旬の新鮮野菜ですので、食べてもらうと味の違いが分かります。

現在の日本の農業をどう見ているか

今のままでは日本の農業は無くなってしまいます。

農業を目指す若い人が増えては来ていますが、まだまだです。

生産性を上げるには安全を犠牲に、安全・安心を求めると採算が合わなくなるのが今の日本の農業です。

若い人が農業をやってみたいと思える環境が整わないと、このままではもっと高齢化が進んでいくでしょう。

別の業種から転向した大庭さん

過去から現在まで最も苦労した点

野菜の栽培は自然との格闘です。苦労は山のようにあります。でも、野菜を育てるのは子育てと同じみたいで、大変だ、しんどいな、と思ったことはありますが、辛いと思ったことはありません。

苦労は考えないようにしています。

今後のビジョンについて

私の農園の周辺でも無農薬で栽培されている方が多くいらっしゃいます。

個々の力は限られていますが、もっと連携して大きな力にしていきたいと思います。

農業に従事したい若者、興味をもってもらえる人を増やして少しでも日本の農業に貢献していきたいです。

農業は国力だと考えます。

「人に地球に優しい野菜」作りを目指して、日々奮闘中です。

社名	合同会社　ファーベ（ファーベ農園）
会社・農園所在地	〒812-0887 福岡県福岡市博多区三筑1-4-19（事務所） 福岡県粕屋郡須恵町佐谷（農園）
代表者名	大庭　達也
連絡先	TEL：092-776-0567 FAX：092-776-0567
URL	http://www.fave1.com/fave/
問合せ先	担当部署（役職）： 担当者： TEL： FAX： E-mail：
生産商品名	有機無農薬野菜

松本茂（松本農園）

自分の家族が食べておいしいと思える苺、野菜を作る

農業へ従事するきっかけ

長男である兄から「自分は農業を継がないからお前が継げ」と言われたためです。

こだわり、セールスポイント

毎年の苺の糖度目標は18度以上。回虫・ギョウ虫対策のため、植え付けや種まき直後にだけ化学農薬を散布することはありますが（同じ畑での散布は年1、2回）、収穫期には一切残留がないよう徹底しています。化学肥料は使わず、たい肥など自分で作った肥料を中心に使います。

そんなこだわりの苺の時間無制限食べ放題がウリ。食べるときに練乳は必要なく、甘さだけではない、ほど良い酸味とのバランスがウリです。人にもよりますが、2Lクラスを100個以上食べられるお客様もいらっしゃいます。

また、苺についてお客様からのどんな質問にでも答えられるようにしています。

現在の日本の農業をどう見ているか

昔と比べて、私の農園の周囲には働く場所がたくさん増えました。現在の若者は農業をしなくても生きていける環境ができています。法人設立や国による大規模化の推進で農地の集約が

化学肥料・化学農薬は使わず、自分で肥料を作って育てた畑

進んでいますが、利益を追求した経営で質が疎かになっているのではないかと懸念しています。国内もそうですが、このまま海外勢との価格競争に入れば10年後、20年後には農家は農業だけではなりたたなくなるのではないでしょうか。また、化学肥料や農薬を多用する農業を続けて、どこかに悪影響が出ないか心配しています。

設備費用の軽減や、若者が就農しやすい環境や新しいことにも挑戦できる環境作りを目指す

過去から現在まで最も苦労した点

長期予報の天候を判断できなかったことです。寒波の影響をまともに受けて対策が間に合わず、育つべきときに苺が育たなかったため、就農40年の中で今年が一番出来が悪かったです。

楽しみにしてくれていたお客さんも一部断らざるをえず、申し訳なかったです。

野菜とまだ会話ができないことが悩みの種です。

今後のビジョンについて

松本農園は、あと13年でいちご栽培を始めてからちょうど１００年になります。

自分はそのとき74歳。それまではしっかり続けていきたいです。

自分が気に入る後継者が見つかれば話は別ですが、その先については今のところ考えていません。それまでに野菜と会話ができるようになりたいと思います。

社名	松本農園
会社・農園所在地	〒842-0104 佐賀県神埼郡吉野ヶ里町大字三津1915
代表者名	松本　茂
連絡先	TEL：0952-53-2083 FAX：0952-53-1873
URL	
問合せ先	担当部署（役職）： 担当者：松本　茂 TEL：070-5486-3488 FAX： E-mail：
生産商品名	独自農法

作る人も、売る人も、買う人も、儲かる農業を

楢﨑 元也（株式会社 グッドリーフ）

農業へ従事するきっかけ

もともと、6代つづく百姓の長男として、果樹栽培で夢をつかもうともがき、果ては多額の借金にあえぎ離農することになりました。

そのあと農業施設の施行請負会社をつくり、がむしゃらに働き借金を返済。そして、農協の融資と販売のやりかたに疑問を感じ、農協を離脱しました。

そこで、ずっと温めていた農薬を使わない農業、作る人も、売る人も、買う人も、儲かる農業をめざし、雇用のしやすい水耕栽培を創めたのです。

私は一度農業で挫折しているので、今度は一番大切な人であり、経営能力の高い妻に社長をしてもらい、自分は栽培と研究に没頭しています。

こだわり、セールスポイント

日本には自然農法という、すばらしい農業技術があります。

それは農薬も肥料も使わずに、地球の宝ともいえる微生物を大切にして、その力で炭素を循環させて、大地の鉱物からミネラルを吸収した作物を育てる農法です。

それを、水耕栽培に応用できないかと思い、独自の栽培システムを開発しました。まず、園内の微生物を守るために、一切の殺菌剤を使用しないようにしました。栽培水もミネラル豊富

農場で働くみなさん

奥さまと二人三脚で再興

な地下天然水を使い、作物が必要とする最適な肥料とミネラルバランスを調整しています。

毎日家で食べる自分の子供に、そして働く人に安全を、消費者の方には、〝美味しい〟と安心を買っていただき、儲かったと思ってもらえる農業です。

現在の日本の農業をどう見ているか

農業の核であるべき農協が本来の、相互扶助の精神から離れ、企業保身のために合併を繰り返し、結果、農協組合員である農家はあたかも昔の大地主と小作人の関係になりつつあると思います。それは事業資金という名の借金で組合員をつなぎとめているからです。能力とビジョンのない農家にも産地形成の為に、借金をさせても事業を推進することを優先しているからです。

もっと個々の農家の身の丈に合った、コンサルティングを農協がしていけば、百姓百品で個性の強い日本農業になると思います。

過去から現在まで最も苦労した点

絵に描いた餅を現実にしたいと思うところが農業にはあります。理想の経営と栽培を両立させるのは大変でしたが、苦労と言えるかわかりませんが、大変だったのは新商品の開発です。品目が変われば栽培方法も違い、それが売れる保証もなく、何か月もつくりつづけて初めて答えが出せるのです。

ＪＡのような一品目大量生産ではなく販売して下さるお店のことも考えて、消費者ニーズを探し出すところが難しくも楽しい所です。

今後のビジョンについて

自社開発の水耕プラントで楽に、きれいに、そして儲かる農業ができることを地元の若者に知ってもらい、そのうえで技術の継承と改革ができるように、現在パートナー農場として３社と契約をしています。

若い彼らと次の新しい時代に必要とされる農業にベンチャーできるような応援母体になり、次世代の若者を育てていきたいと考えています。

今後は地元唐津市が推奨するコスメの分野で、地域で栽培できる作物を探し出して、農薬不使用の原料から加工販売までをグループでやる計画です。

社名	株式会社　グッドリーフ
会社・農園所在地	〒849-5111 佐賀県唐津市浜玉町南山2164-5
代表者名	楢﨑　須眞子
連絡先	TEL：0955-56-2309 FAX：0955-58-8101
URL	http://www.good-leaf.jp/
問合せ先	担当部署（役職）：取締役　親方 担当者：楢﨑　元也 TEL：090-6898-0330 FAX：0955-58-8101 E-mail：goodleaf@cap.ocn.ne.jp
生産商品名	サンチュ・フラワーレタス・カリフォルニアレタス・ハワイアンレタス・ベビーリーフ・ＭＩＸリーフ・さわやか三つ葉・からつ水菜・プレミアリーフ・マイクロリーフ

前田　清浩　（(有) 伊万里グリーンファーム）

ねぎ名人前田さんが目指す安心安全とロスゼロの農業経営

農業へ従事するきっかけ

農家の長男でしたが農業を継ぐつもりもなく、銀行に就職して10年目に父が体調を崩しました。長男ということもあり実家で暮らしながら勤務していた関係で、勤めながら休日に農業をやるか、あるいは退職をして家業を継ぐか、選択を迫られることになりました。

雇用を抱える農業規模で、とても休みだけで出来るようなものではなかったために、銀行を退職しました。そして、就農して3年後に農業生産法人(有)伊万里グリーンファームを設立しました。

こだわり、セールスポイント

父の代から化学肥料は使用しない、肥料に頼らない方法で、堆肥も牛糞など畜糞は使用せずに良質な有機質の堆肥と、人も食べられる良質な菌資材を投入するだけで、追肥をしないで土で作るねぎ栽培を行っています。

生育状態に合わせた堆肥を選択して、元肥だけで追肥はしないこだわりの土づくりです。また、散水する水も磁気活性水を使用しているために、栽培する圃場に悪い菌である大腸菌群がほとんどいない状態で作った万能タイプのねぎ「伊万里ねぎ」は、菌数が少なく大腸菌群がほとんどいない安全なねぎです。施設栽培で安定した出荷と食べても安心安全と味も美味しいと

大腸菌群がほとんどいない状態で作った万能タイプのねぎ

評価を頂いています。

現在の日本の農業をどう見ているか

現在の日本の農業は、国内の産地間競争の時代ではなく、TPPなど海外の農産物や輸入品などグローバルな観点で生き残りを図るためにも、日本の強みである品質、品質管理、生産効率、品種、管理など、量や価格ではない価値観を求めて、生産、加工、販売などを追及して日本独自の農業経営に取り組んで行かなければいけない環境であり、そういう時代が来ていると思います。

過去から現在まで最も苦労した点

20年程前までは自社農場で栽培した「伊万里ねぎ」を、競りで価格変動がある青果市場に委託販売をしていました。産地間競争などで価格変動が激しく売上げが不安定な経営でした。自分の作った野菜に価格を決めて、スーパーや飲食店、加工業者と直接契約による価格固定の取引をするといった環境の変化を一早く感じて、新たな販売形態に移行していきました。

また、２００３年から規格外品を自社でカットした生鮮のカットねぎは、時代の変化を予想して取り組んだことで、現在は経営の柱になっています。そして、２００９年から農業の６次産業化に取り組み、「香ねぎ、香ねぎ塩、香ねぎスープ、香ねぎドレッシング、香ねぎ塩黒豆菓子」など加工部門がようやく売上に貢献するようになってきました。

ねぎ名人の前田さん

今後のビジョンについて

当社の目標は「永久に継続できる農業経営」であるために、生産した物は廃棄せず、極限までロスを減らして生産のロス、能率のロス、人的ロス、時間のロスなど様々なロスをゼロにすることを目指しています。

また、地域に必要とされる企業でなければいけないこと、厳しい環境や時代にも変化し、対応していくためにも、規模ではなく内容が重要となります。ロスをゼロにすることを追及していけば、「永久に継続できる農業経営」が実現できると考えています。伊万里グリーンファームは「土づくり」「人づくり」「夢づくり」を目指します。

社名	(有) 伊万里グリーンファーム
会社・農園所在地	〒848-0031 佐賀県伊万里市二里町八谷搦926番地
代表者名	前田　清浩
連絡先	TEL：0955-23-5780 FAX：0955-23-5806
URL	http://imari-gf.com/
問合せ先	担当部署（役職）：代表取締役 担当者：前田　清浩 TEL：0955-23-5780 FAX：0955-23-5806 E-mail：igfmaeda@hachigamenet.jp
生産商品名	施設野菜（小ねぎ）

實川　勝之（株式会社アグリスリー）

パティシエの目線で栽培
梨をフルーツからスイーツに

農業へ従事するきっかけ

昔から料理を作るのが好きで、おもてなしをするのも好きでした。調理師学校を卒業後、県内の洋菓子店へ就職し、パティシエとして働いていました。

忙しくも愉しく、淡い夢を抱きながらのパティシエ奮闘記の真っただ中でしたが、突然の「父が農作業中に大ケガをした！」との知らせを聞き、大きな決断をすることに。時期的に春の繁忙期を控えていたため、急遽実家の農業を手伝うことになりました。

初めは一時的に手伝うだけで、すぐにパティシエとして復職するつもりでした。でもいざ農業をやってみると何とも言えない楽しさを感じてしまったのです。

「あれ？農家もパティシエも同じぐらいクリエイティブだっ！」って。

こだわり、セールスポイント

なんといっても「日本一きれいな梨園」です。もしかしたら「世界一」かも。そして30種類以上の梨の品種の多さです。

ケーキ屋さん、パティシエと聞いて私が感じる一番のイメージは清潔感です。私にとって梨園はケーキ屋さんのショーケースと同じです。一本一本の梨の品種は、まさにショートケーキやチーズケーキのようなケーキの種類。そして手作りではあるけど工業製品に近いような均一性です。

そんなパティシエの目線や考え方で農業をやろうと思うと、梨作りひとつとっても〝梨創り〟したくなります。ただの梨園ではなく弊社の梨園ブランドは「梨工房　城山みのり園」と職人が一つ一つ丁寧に仕上げる工房なのです。

自然のものでありながら均一で人工的に作られたような梨園は、陽当たりや風通しも均一で作業効率もとても良い。パティシエの目線で綺麗な梨園にすることが「美味しさ」や「生産性」、「収穫量の増大」にも繋がっています。

一本一本の梨の品種はショーケースのケーキのように

現在の日本の農業をどう見ているか

可能性の塊だと思います！

農業といっても農産物の生産だけが農業ではなく、六次産業という言葉があるように農業のカタチはとても多様化していると思います。

また同時に農業界を取り巻く環境も多様化しており、それにうまく対応していく力が重要だと考えています。

それと農家数の減少が叫ばれていますが、個人的には問題ないと考えています。ギラギラした熱い農家や個性的で他には無い魅力がある農家はちゃんと残ると思います。そんな農家ばかりなら農業はもっとオモシロイ産業になるでしょう。

そんな中での株式会社アグリスリーの考えは、「農業をロジカルに」と同時にロジカルに対応するための「フィジカルな農業」を目指しています。

過去から現在まで最も苦労した点

今まで大変だったことはあるけど、苦労と感じたことはありません。いつもプラスに考えることが多いので、逆境とかピンチの方が燃える、というかやりがいを感じます。

ただ、私が農業を始めたキッカケが父のケガということのように一家の大黒柱が倒れた時の脆さ、現在でも多くある家族経営の危うさというのは痛切に感じました。そのため、就農後も常に「労働力」「作付け品目」「販売先」などのリスクヘッジというのは大事に考えています。

「子供たちの憧れ」となるスタイリッシュな梨園をめざす

今後のビジョンについて

やりたいことが沢山あり、絞り切れないのが悪い癖ですが、株式会社アグリスリーの目指す独自価値として「地域を守りながら地域に守られる存在」になることを掲げています。この理念に基づいてビジョンを描いていきます。

「地域を守る」ことは規模の拡大・雇用の増進・地域の活性に繋がり、さらに求められるモノを作り続けることが消費者にとっての必要性に繋がります。このアグリスリーの独自価値で生産するモノ、作り手のヒトが輝き、多くの方の目的地になれれば地域にとってなくてはならない存在になり、つまり「地域に守られる存在」になれるのではないかと考えています。

最後に、私の個人的な目標ではありますが、「子供たちの憧れ」というのがあります。家業を継いでほしいとかは考えておらず、自然なカタチで子供たちがパパの仕事に魅力を感じ、将来の選択肢に入れてくれることが何よりの目標です。

その為には「稼ぐこと」「カッコよくいること」「キレイな職場」を大事にして、そして農業をスタイリッシュにしていきたいと考えています。

そんな働くパパを見て子供たちが目を輝かせてくれたら最高ですね。

社名	株式会社アグリスリー
会社・農園所在地	〒289-1754 千葉県山武郡横芝光町坂田112
代表者名	代表取締役　實川　勝之
連絡先	TEL：0479-82-7441 FAX：0479-82-7441
URL	http://www.shiroyamaminorien.com/
問合せ先	担当部署（役職）：代表取締役 担当者：實川　勝之 TEL：0479-82-7441 FAX：0479-82-7441 E-mail：agrisserie@gmail.com
生産商品名	梨

岡本 明大（おかもと梨園）

業としての農業の魅力　そして経営形態

農業へ従事するきっかけ

私が当園を継いだ理由は簡単で、面白いと思ったからです。私は２０００年に二十歳になった、ちょうど松坂世代と言われた年代になります。

地元の農業高校からすぐに家には入らず、自衛隊で４年間（新潟県勤務）、地元栃木に帰ってブリヂストン（設備関連）で８年働きました。12年の間、外から親父の果樹園経営を見ていて、農業分野の成長性、多様性、自営業としての経営の面白さを感じたのです。

特に個人事業主としてサラリーマンにはない働き方ができるのが、一番魅力的でした。

こだわり、セールスポイント

当園のポリシーは量より質！

特に米は食味値目標を置いて施肥管理を行っています。また管理はＪＧＡＰ準拠で行っています（認証２０１５年８月まで輸出時メリットないので更新なし）。

梨のほうは小売りを主に大玉栽培を基本とし、収穫時期をずらし、販売期間を長くしつつも、旬の物をお客様に長い期間届けるために多品種栽培を行っています（８／20頃から12／20頃まで）。

旬の物を長い期間届けるために多品種栽培を行っている梨園

現在の日本の農業をどう見ているか

世界規模での情報共有化、また物流のスピードアップなどを背景に、途上国と先進国の格差はますます少なくなっていくでしょう。また、国内での消費量・供給量は減少の一途を辿ることでしょう。

しかし、逆に国内はもとより途上国でも上の1割未満の富裕層などへはメイドインジャパンの信用と質（農産物・物流・販売サービス）で販売先をきっちりと決め、それに合わせた価格が維持できれば、未来は明るいと思います。

また、経営の形態もある程度の売り上げ（2～3千万円前後）を境に合同で販売・生産する協業体制での農家が増えると思っています。

そして、戦前のように、地主と小作人のような関係が近い将来復活すると思っています。特に関東北部では、大手製造業が逃げているので、残る一次産業は唯一の大口就職先となると思っています。

過去から現在まで最も苦労した点

会社を辞めて家に入る年にあった大震災ですかね。放射能関連による輸出規制などなど。一部のお客様もこの時期に離れていきました。

それ以外ですと、やはり経営に関することで勉強する部分が多くなっています。また、人付き合いについても大きく変わる部分がありましたね。ここは自営業の面白さでしょうが。

もう一つは人材に関するもので、やはり土地柄なのでしょうが、挑戦する土壌が地元にはなく、協力者を探すにも自分で育てる方が早いくらいの状態です。

今後のビジョンについて

今まさに2015年現在、ブレインワークスさんに協力していただき、ベトナム・カンボジアへのコシヒカリの輸出を開始したところです。現在の目標数量を送るために、お客様の開拓・輸送ルート（コールドチェーン）の開拓を第一弾として、最終的には青果物を取り扱い、ベトナムをハブとして東南アジア・中東までをカバーしていきたいです。

また人材教育・派遣事業などにも挑戦したいです。

国内に関しては、協力者を募り、共同販売生産体制また他業種との人材の共有化事業などを進めていきたいです。

岡本梨園マスコット

社名	おかもと梨園
会社・農園所在地	〒324 -0064 栃木県大田原市今泉234
代表者名	岡本　明大
連絡先	TEL・FAX：0287-22-4385
URL	https://www.facebook.com/OkamotoNasien
問合せ先	担当部署（役職）：代表　岡本　明大 TEL：0287-22-4385 FAX：同上 E-mail：okamotonasien@gmail.com
生産商品名	水稲（コシヒカリ）・日本梨（幸水・豊水・にっこり他）・洋ナシ（ルレクチェ）

小黒 昇巳（有限会社 いちごの里 湯本農場）

日本最大級、ハウス160棟のいちご狩り農園6次産業化で全国からも注目!!

農業へ従事するきっかけ

元々は日光で観光物産展を経営。日光は冬になると観光客の足が遠のき、集客に苦労しました。

そこで、栃木県の名産品である「いちご」を栽培し、観光農園として運営しようと計画しました。親戚のいちご農家さんを頼りにハウス20棟から栽培を始めました。現在は160棟のハウスで年間約13万人のいちご狩りのお客様が来園されます。

こだわり、セールスポイント

いちご狩りは完全予約制とし、お客様に十分な量のいちごが確保できないと判断した場合には、それ以上の予約をお断りするシステムとなっています。

隣接する売店では、とれたてのいちごを使用したいちごのケーキや加工品を販売。お客様から好評を得ています。

また、カフェやレストランも併設し、いちごを使用した数々の料理やデザートをお楽しみいただけます。

また、お客様と一緒に楽しめる体験型の企画が多数あります。毎年行われる「じゃがいもオーナー制度」ではお客様自身が定植・収穫を行うもので、毎回300組近くの参加があります。

また、新企画「みんなで焼酎をつくろう!!」プロジェクトは一般のお客様とさつまいもの定植～収穫を行って焼酎をつくり、新商品として開発・販売をしました。

いちご狩り３人娘

現在の日本の農業をどう見ているか

ＴＰＰや高齢化の問題を抱え、難しい局面になっていると思います。一番の問題は、「農業が儲からない」こと。

スーパーなど小売店の価格競争で一番影響を受けるのは農家です。自分が生産した品物を自分で値付けできないということが一番の問題に思えます。

農家が儲からないから後継者が現れない。そして高齢化。今後の農業はいかに儲かるようにできるかがポイントになってくると私は思います。

いちごのケーキや加工品を販売

過去から現在まで最も苦労した点

６次産業化で一番問題になるのが土地の許可問題です。加工所や直売所はすんなりいきましたが、トイレ・事務所・レストランの許可をいただくのは大変苦労しました。

今後のビジョンについて

今現在取り組んでいる目標として、いちご以外の「マンゴー」や「メロン」の栽培があります。そのほかにも「桃」や「ぶどう」等、1年を通して集客し、お客様に楽しんで頂ける施設になるのが目標です。

また、研修生制度を確立し、当農場で学んだ研修生をたくさん独立させ、栃木県や地域に貢献していきたいと考えています。

社名	有限会社　いちごの里　湯本農場
会社・農園所在地	〒323-0058 栃木県小山市大川島408
代表者名	小黒　昇巳
連絡先	TEL：0285-33-1070 FAX：0285-33-1071
URL	http://www.itigo.co.jp/
問合せ先	担当部署（役職）：常務 担当者：小黒　弘征 TEL：0285-33-1070 FAX：0285-33-1071 E-mail：h.oguro@itigo.co.jp
生産商品名	いちご（とちおとめ・とちひめ・スカイベリー）

谷川　雅之（いちご屋くろべえ）

おもわず笑顔になる瞬間、農業にはそんな醍醐味があります

農業へ従事するきっかけ

サラリーマン時代の、行きつけのレストランのシェフからの言葉でした。「谷川君、今の仕事は楽しい？僕は楽しい。素晴らしい食材に出会った時に、どのように料理しようかと考えるとワクワクするんだ。何より、自分の精一杯した仕事でお客さんが喜んでくれる。自分たちが誰かの笑顔を作っているんだ」。そのシェフの輝いている姿に影響を受けました。

将来、このシェフのように自信を持って人生を語れる人間になりたい。誰もが好きないちごを育てることが出来れば、多くのお客さんは喜んでくれると考えたのがきっかけです。

こだわり、セールスポイント

いちごの栽培の年月を重ねていくと、たくさんのいちごのご注文をいただきます。このご注文をいただくいちご達は、お客さまの大切な方々への気持ちの込めたお届け物にもなります。だからこそ、どんなことがあっても、品質の安定した失敗のないいちごを収穫することがこだわりのセールスポイントです。そのためには、生育状況の変化するいちごを見極め、スタッフみんなで育て、どうすれば喜んで頂けるのかを考え、企画をします。夜のいちご狩りの企画が出来たのも、贈答用のいちご用に送り主様の気持ちを書にするのも、スタッフとの意見共有の中から生まれました。

現在の日本の農業をどう見ているか

以前に比べ農業の話題が頻繁に取り上げられるようになり、農業従事者にとっても消費者にとってもとても良い刺激になっていると思います。

一個人のこだわりをもった理想の農業でも広い社会の人々とつながることのできることは、現代の日本の農業のチャンスと考えます。

ただ、まだまだ長年の慣習の中、補助金に頼りきったり、消費者を見ていない農業者が多いことは、ピンチなのかもしれません。

夜のいちご狩りが若者に大人気

過去から現在まで最も苦労した点

農業を始めて間もないとき、大きな仕事の話が入ってきました。

準備期間に1年を要し、間違いなくその仕事を手に入れたと思った矢先、違う農家が契約を交わしました。若かった自分の力の無さに、疑念感を持ち、なかなか現実を受け入れられない自分自身に自己嫌悪しました。

贈答用の苺に送り主さまの気持ちを書にします

新たな一歩を踏み出すまでのあのときが一番辛かったし、苦労をした点です。農業を始めていくつかの失敗を乗り越えたところ、観光いちご園の仕事が決まりました。

それまではいちごを栽培し、市場に出荷するいちご農家が観光いちご園を経営することは、まさに手さぐりからの出発でした。初年度に、海辺に近い当農園の井戸水に塩分が混ざり込み、次々にいちごが枯れていく事態は、今思い起こすだけでも茫然自失になります。また、集客がうまく出来ずに、多くのいちごを破棄したこともありました。そんな苦労をした時に、応援をしてくれる仲間の存在には、ただただ感謝の一言に尽きます。

今後のビジョンについて

「食べることは生きること」という言葉があるように、豊かな食は豊かな人を育て、豊かな社会を築きます。この豊かな食とは、豪華絢爛な食材を使うことや高価な価格の食事ではなく、大切な人の笑顔を想い、色とりどりの食卓こそ、豊かな食だと考えます。その誰もが思わず笑顔になれる瞬間に立ち会えるのが、農業者の醍醐味なのです。

今後は、農業者が消費者を想い、消費者も農業のことを考える、そんな両者の意識を高めるプロデュースを行い、みんなで次の時代を担う子ども達を育てていきたいと考えています。

社名	いちご屋くろべえ
会社・農園所在地	〒515 -0101 三重県松阪市東黒部町1
代表者名	谷川　雅之
連絡先	TEL：0598-59-1539 FAX：0598-59-1292
URL	www.kurobei158.com
問合せ先	担当部署（役職）：園主 担当者：谷川雅之 TEL：090-3080-6837　0598-59-1539 FAX：0598-59-1292 E-mail：kisslefarm@gmail.com
生産商品名	観光イチゴ狩り

萩原 健司（萩原苺農園）

古都奈良で三代続く苺生産 洗わずに食べられる、安心安全な苺づくり

農業へ従事するきっかけ

家業が農業ということでしたが、学生時代はまったく後を継ぐつもりはありませんでした。

ところが、就職活動をしている中で、自分のやりたいことは何かと真剣に考えたとき、雇われるのではなく、自分は経営者としての道を進んでいきたいと思い、そのとき、農業も一経営者としてやっているんだと気付いたことで、一気に家業で嫌だと思っていた農業に興味と未来を感じたことがきっかけとなりました。

こだわり、セールスポイント

お客様や業者様とのコミュニケーションを大切にしてニーズに応えることを第一に考えています。

有機肥料を主に使い、天敵や静電噴霧器の導入で農薬散布回数を減らし、洗わずに食べられる、安心安全な苺づくりを行っています。

また、まずは奈良の苺を知ってもらいたいという思いから各種イベントの企画・運営等に取り組んだり、食は小さい頃から育むべきという考えから、保育園や、お子様のおられるご家庭の方々に向けての苺を始め、お米や野菜の収穫体験等の食育にも力を入れております。

現在の日本の農業をどう見ているか

グローバル化が進み、多種多様な農産物に囲まれてる中で、もう一度農産物を色々な角度から見直していく時期に来ていると思います。

世界で人が増え続けている今、食を海外に依存し過ぎるのではなく、自国での生産を重視すべきと考えます。

そんな中、今までの閉鎖的な職業の農業ではなく、消費者

自慢の苺は、海外でも味わわれている

の皆様にもっと近づいた農業の新しいスタイルを築き上げていく必要があると思います。

過去から現在まで最も苦労した点

家業は農家でしたが、自分自身は農業関係の学校には行っていなかったので、当初は農業の世界での人間関係の構築に苦労しました。周りが当たり前のように使う農業用語など全く分からないし、自分の田んぼの場所ですら曖昧な状態だし、機械の使い方や苺のパック詰め、収穫作業、一年の作業の流れ等、「農業」全てが全くど素人ということを思い知らされました。小さい頃からたまに手伝ってはいたので出来るだろうと考えていたのですが、知らないこと・分からないことの多さに驚愕したことを今でも覚えているとともに、親の偉大さに気付かされ、この親を超えることなど出来るのかと、自信をなくして農業を選んだことを後悔した位でした。

また、毎年変わる天候や状況に応じて、収量、価格など、去年はうまくいったのに、今年はいまいちというように、工業製品のように部品がそろえば同じものが出来ることはないので、臨機応変に、時々の状況に柔軟に対応して、その誤差のないように生産していく大変さと難しさも、苦労した点といえます。なので、未だに正解は分からず、日々勉強中です。

今後のビジョンについて

農業を通じて、観光・商業と多方面とのコラボレーションで、新しい奈良らしい農業を展開していきたいと考えています。

消費者との距離を縮め、本当の意味での顔の見える農業を創り出す。そこで生まれたコミュニケーションにより、ニーズの追求をしていきたいと思います。

また、二年前から始めている海外輸出を通じ、日本の農産物の本質をグローバルに広げていきたいです。

益々自分の作る苺を広め、農産物の品質向上に取り組み、萩原苺農園の農産物に触れていただく全ての人たちに、感動と驚きをご提供し続け、子供さん、お孫さん、その先まで、全ての人に末永くお付き合いしていただける農園にしていきたいと思っております。「奈良に来たら萩原苺農園の苺を食べないと」と言ってもらえるようになり、さらには、「萩原苺農園の苺を食べたいから奈良に来た」とまで言ってもらえれば最高です。これかも、自分は人間社会の「食」の部分を担っているんだという自信と、責任感をもちながら、今日も苺のお世話に出かけたいと思います。これを読んでいただいた方々と、いつかリアルにお会いできる日を楽しみにしております。

直売所で、お客様と直接話をして苺を販売している

社名	萩原苺農園
会社・農園所在地	〒630-8422 奈良県奈良市横井6丁目596
代表者名	萩原　健司
連絡先	TEL：0742-81-8715 FAX：0742-81-8715
問合せ先	担当者：萩原　健司 TEL：090-5650-4951 FAX：0742-81-8715
生産商品名	苺（あきひめ・古都華・かおりの・紅ほっぺ）

秋竹　新吾（株式会社　早和果樹園）

有田みかん農業6次産業化で地域活性化に挑戦「日本のおいしいみかんに会いましょう」

農業へ従事するきっかけ

昭和38年はみかんの好景気で、みかん農家がうらやましがられた時期です。みかんの大産地で生まれ育ったため、みかん農家の長男として当然のように迷わず県立高校（柑橘園芸科）卒業後、就農しました。

しかし、みかんの増産で5年後に暴落の憂き目に遭い、長い間、暗いトンネルをくぐることになりました。そんな中で生産者としてハウスみかんなどに挑戦し、平成12年、7戸のみかん農家と法人化に取り組み、会社組織としてみかん加工に入り、6次産業化に業態を変えました。高品質のみかんを利用した100％ジュースを始め、有田みかん製品を次々新発売。美味しさを知ってもらうため、社員全員で試飲試食販売を行い、年間に試飲カップを65万個使ったほどです。社員は50名となり、地域の雇用の場を作り、地域特産の有田みかんの需要を増やし、地域活性化に貢献しています。

こだわり、セールスポイント

最新技術の「マルドリ方式」によるみかんの栽培、「ICT農業システム」など、美味しいみかん作りにこだわっています。加工品は光センサーを利用して糖度12度以上のみかんを選び出した高品質みかんを利用し、搾り方は一つ一つ皮を剥き、裏ごししたチョッパー・パルパー方式で、エグミなくとろみがある100％ストレートジュース「味一しぼり」をメインに、みかん製品は20アイテムもあります。販売は全チャネルで行い、有名百貨店、高級ホテル、高級スーパー等全国へ、直接顧客へのネット販売など通販も行い、国内だけでなく将来の人口減を見据え、海外へも積極的に出しています。海外の取引先は現在、中国、東南アジア、ヨーロッパ等9ヶ国となります。

100％ストレートジュース「味一しぼり」など、みかん製品は20アイテムある

現在の日本の農業をどう見ているか

現在のままでは担い手不足で逼塞していくのは明らかです。大きく変革しなければ、この国の農業は消えていくでしょう。我々は仲間と共に法人化して、一農家から脱皮することによって変革できました。

生産のみでは、日本の農業は他産業並みの所得水準を確保することは難しいでしょう。そしてあまりにもリスクが大きく安定しません。それで我々は、加工・販売に取り組み、付加価値を付けることを考えました。一農家のときには考えもしなかったことです。

農家から法人化の農業へ、顧客が求める商品開発、ICTの利用など、インパクトのある取り組みで、時代に沿った農業に変わることが大切であると思います。農家自身でしっかり考え、変革を怖がらずに実行することが大切であると思います。

過去から現在まで最も苦労した点

みかんの絶頂期から一転、暴落して毎年市場でみかんが溢れ、採算の合わないみかん作りを強いられた苦しい時期が長かったことです。しかし、それを経験したので、「なにくそ！」と辛抱強く頑張る精神が鍛えられたと思います。仲間の女性たちが「出来たものに感謝！」と捨て値のような相場のみかんをもくもくと箱に詰めてくれました。お金がなくても生きていける自信が付き、共に苦労した仲間が愛おしいと感じます。

55才からの法人化で、加工・販売に取り組みましたが、経験のないことばかりへのチャレンジでした。難しいことばかりでしたが、何もかも新鮮で楽しく実行できました。〝バラ色の人生ではありませんが、みかん色の人生〟と言えるでしょうか。

今後のビジョンについて

会社は16期となり、基礎は出来ました。昨年、「6次産業化優良事例表彰」で、トップ賞の「農林水産大臣賞」を受賞する栄誉に輝きました。また、社員も自社の取り組みに大きな自信を持つことが出来ました。

若い後継者たちと一緒に基礎を築くことが出来たので、事業継承は目途が付きました。昨年5名、本年4名と新卒大学生の入社が続き、将来の成長に期待がかかります。

大臣賞に輝いたビジネスモデルをフル回転させて、成長期に入っている早和果樹園を飛躍させていきます。海外への販路開拓も将来に向けて積極的に取り組んでいるので、拡大されてきています。早和果樹園が成長することが、みかんの大産地を活性化するリーディングカンパニーとなることであると社員一同意識して、雇用の場など地域社会に貢献したいと考えています。

法人化に取り組み6次産業化に業態を変える

社名	株式会社　早和果樹園
会社・農園所在地	〒649-0432 和歌山県有田市宮原町東349-2
代表者名	秋竹　新吾
連絡先	TEL：0737-88-7279 FAX：0737-88-7218
URL	http://sowakajuen.com
問合せ先	担当部署（役職）：取締役専務 担当者：秋竹　俊伸 TEL：0737-88-7279 FAX：0737-88-7218 E-mail：akitake@sowakajuen.com
生産商品名	有田みかん100％ストレートジュース「味一しぼり」

一流産地の誇りを胸に加工品作りで新しい価値の創造にも取組む

小林 聖知（株式会社　小林果園）

農業へ従事するきっかけ

私は、みかんの有名産地である四国・愛媛の中でも好条件の栽培環境で知られる八幡浜市向灘（むかいなだ）地区に、みかん農家の三代目として生まれました。

子どもの頃から自然に家業を手伝ううちに、先祖から続くそうした貴重な財産を引き継いでいく使命感も育まれていきました。

またみかん農家として、最上級と言われる〝日の丸みかん〟産地で生産にあたることのできる喜びと誇りは大きく、そのブランドを次代の生産者たちにしっかりと伝えていかなければ、という思いも強くありました。

こだわり、セールスポイント

〝日の丸みかん〟産地のみかんが美味しい理由は、その優れた栽培環境にあります。愛媛県南予（なんよ）地域の西南部に位置する西宇和地区は、もともと温暖な気候に恵まれた場所ですが、その中でも〝最上級みかん〟と評される〝日の丸みかん〟産地（八幡浜市向灘）は、「三つの太陽」が降り注いでいます。

その「三つの太陽」とは、①全面南向きのみかん園地が一日中受ける「太陽の光」、②眼下に絶景が広がる宇和海（うわかい）からの「太陽の反射光」、③段々畑の石垣から照らさせる光、のことで、それらすべてが、この場所で美味しいみかんを

日の丸蜜柑地区の蜜柑が美味しいと評判

冷凍柑橘セット箱

作り続ける確かな理由につながっています。

そうした自慢のみかんを一人でも多くの皆さんに食べてほしいという思いを常に持つなかで、新たな加工技術も取り入れた多角的な商品展開も進めていきたいという気持ちも強く、弊社では2012年から新たな取り組みとして冷凍みかんの加工・販売にも着手しました。自慢の産地から届けるワンランク上の冷凍みかんとしてアピールすることで市場からの評価を受けることができ、関東方面への学校給食向けを中心に、おかげさまで年々販売量を伸ばしています。

現在の日本の農業をどう見ているか

農業の世界では、高齢化が急速に進み、後継者不足等による耕作放棄地の広がりの問題が顕在化しています。

ブランド産地を守り続けることが喜び

また、安価な農産物が輸入されることにより、これまで確保できていた販売数量の減少が、延いては収入の減少にもつながり、気象条件の変化にも大きく影響を受けることが就業人口を妨げるという状況も生まれています。

消費者の皆さんへ安全な国産農産物を届け続けるためにも、そうした国内農業の生産の現場での厳しい状況をきちんととらえて、生産振興対策に積極的に取り組んでいく必要があるように感じています。

過去から現在まで最も苦労した点

所属していた共選からの脱退後に、販売ルートをゼロから築かなければならなかったことが一番苦労しました。後ろを振り向かず無我夢中で取り組みましたが、その頃に心の支えとして持ち続けた産地の可能性を拓きたい一心でのシンプルなモチベーションが、今の礎になっていることを強く実感しています。

今後のビジョンについて

「食」を通じた事業を進めるなかで、まずは地域のことを一番に考え、その発展のために努力していくとともに、付加価値の高い新商品の開発、その先にある農業を軸とした事業の持続的発展、延いては雇用の拡大、地域の活性化にもつなげていきたいと思っています。

社名	株式会社　小林果園
会社・農園所在地	〒796-0202 愛媛県八幡浜市保内町宮内1-427-1
代表者名	小林　聖知
連絡先	TEL：0894-37-2247 FAX：0894-37-2254
URL	http://himeichi.jp/
問合せ先	担当部署（役職）：代表取締役 担当者：小林　聖知 TEL：0894-37-2247 FAX：0894-37-2254 E-mail：info@himeichi.jp
生産商品名	媛一みかん

中川 憲義
（カネケンフルーツ農園）

こだわりの真心みかん 自然環境を大切に大地の恵みに感謝し、丹精込めて育てた汗の結晶

農業へ従事するきっかけ

半農半漁の次男として、上天草市に誕生。
農業高校卒業後、自衛官を志し、昭和42年入隊。北海道を希望し、札幌部隊配属となりました。ある年、援農支援で広々とした水田で田植えを体験し、農業魂が蘇りました。しかし定年退職を全うしようとの思いから、陸曹教育隊（仙台）に入校。6ヶ月後、札幌部隊に復帰。3年後、見合いをしました。縁あって、婿養子となる。家内の家は果樹と養豚の複合経営でした。

休みには手伝いが出来るよう、熊本の部隊勤務を希望しましたが、昭和49年8月に久留米部隊勤務になり、土日の勤務外を利用し、久留米と熊本を往復しました。果樹・養豚の仕事を手伝うも、農家の多忙・人手不足を考慮し、やむなく志半ばで昭和50年3月末で依願退職。昭和62年、養豚をやめ果樹専業農家として現在に至ります。

こだわり、セールスポイント

昭和50年に就農しましたが、昭和61年、収穫高が100tに達した年にみかんの値が大暴落。時の流れを察知し、生き残り策で手間暇をかけて市場出荷へ。これが大当たりで、次年度に農協共販を撤退し、市場出荷へ専念するように。2週間で信用を築き、10年間市場トップの高値がつけられました。当時は品質・美味しさ・安定した量の3拍子で最高値をつけて頂いたのだと思います。

その後は特別栽培の勉強に取り組み、土作り・減農薬・美味しさと安全安心を求める生産に方向転換。平成14年からFFCを導入。春と秋にFFCウォーターの葉面散布。初夏にFFCエース施肥。土が団粒化し圃場の環境が良く、人も樹も健康です。

主な販売先はらでぃっしゅぼーやで、全国個人宅配で信頼を受けています。

圃場には除草剤・防腐剤を使用せず、年7～8回の草刈り、又環境保全のため剪定枝・竹・雑木を粉砕し堆肥化して土に還す循環型農法です。熊本型特別栽培（有作くん）の認定も受け、慣行農法の1／3弱の農薬散布で栽培しています。

広がるみかん園

現在の日本の農業をどう見ているか

平坦地を有する大規模農家と中山間地の小規模農家の二極化が進むでしょう。私達のような中山間地の小規模農家、また先祖代々続いた農家の戸数は、今後急速に減少する中で利益優先型農業の企業が参入し増産・自給率アップに繋がるかと考えております。

また、私達のような小規模農家は、高品質で美味しく、安全・安心な作物を更に追求することで所得の維持を図れるかと思います。

過去から現在まで最も苦労した点

中川さん夫妻

私の就農時はみかん農家の規模拡大全盛期で、人並みに山を購入しました。面積を広げた当時は公的資金の金利も高く、支出入のバランスが取れず、いかに速く生産量を上げて経営安定を図るかが問題でした。品種選定と土壌管理に力を注ぎ、夏の暑い中コンプレッサーで土中に酸素を入れて細根を増やし、葉面積を増加させ、反当収量を上げました。冬場は豚糞堆肥30ｔ余りを全園に施肥。樹は生々と生育するも、台風・冷害・干ばつ等自然災害の怖さを幾度も経験しました。

資金繰りに追われ、息子2人も後継者としての望みを断念し、2人共自衛官として勤務しています。長男は留萌から熊本の部隊に転勤し、休みの合間には家の手伝いに来てくれる頼もしい存在です。

振り返れば、夢と希望、若さと体力で長い谷底を這い上がる事ができ、今現在が有る事に喜びを感じます。

3・4年前よりイノシシ被害・野鳥の被害が多く、かなりの被害になることが心配です。

今後のビジョンについて

周年出荷体制を基本に、取引先のご要望に対応できるよう、新品種の導入を図っていきたいです。又、作業効率を高めるために園内道整備を進め、老木～幼木へ高樹型を低樹型にし、労力不足を少しでも緩和したいと思います。

人手を借りながら身体の続く限り、こだわりのみかんを全国の皆様に食べて頂きたいと願っています。

社名	カネケンフルーツ農園
会社・農園所在地	〒869 -3412 熊本県宇城市三角町手場2209番地
代表者名	中川　憲義
連絡先	TEL：0964-54-0161 FAX：0964-54-0161
問合せ先	担当者：中川　和代 TEL：090-6894-4649 FAX：0964-54-0161 E-mail：caneken-f@yellow.plala.or.jp
生産商品名	柑橘類

大橋 正数（有限会社 大橋さくらんぼ園）

全国果樹技術コンクールにおいて『北海道初の農林水産大臣賞』受賞農園

作ったさくらんぼは、市場出荷は一切行わず、全て直接販売しています。

現在の日本の農業をどう見ているか

今まで頼りきりで依存心の強くなってしまった子供を、いきなり突き放し、急に『自立しなさい！』と言ったとしても子供が自立するには相当時間がかかるだろうと思います。

農業へ従事するきっかけ

高校を卒業しそのまま家業を継ぎました。しかし当時20歳頃から私は東洋医学にとても興味を持ち始め、『整体療法士』になることをいつしか目指すようになり家を出ました。

整体師になって『患者さんの痛みを取って幸せになってもらいたい。治療で瞬時に痛みを取り感動してもらいたい。』と思い、療法士の資格を取ることを目指した私でしたが、母からの『お父さんが体調を崩してしまったので戻って来て欲しい…』という再三の電話によりその夢を諦めることとなりました。

しかし、今思えば整体師になりたいという思いと、『美味しいさくらんぼと最高のおもてなしで笑顔になっていただきたい！スタッフの温かさに触れて人との絆を感じ心からここに来て良かったと感動し、また来たいなと思っていただける最高の思い出を作っていただきたい！』という願いも根本は同じなんだなということがわかりました。

こだわり、セールスポイント

日本で最初にさくらんぼ狩りを開始したさくらんぼの専門農園です。日本最大規模の全天候型雨よけドームには、47種類1，500本のさくらんぼの木があります。

40年前から化学肥料は一切使用せず、有機質肥料のみの栽培に取り組み、『生きた土作り』にこだわってきました。

『笑顔をつくる』さくらんぼ

　また、日本人の性善説に基づいた決まり事も世界を相手にしていく時代となるにつれ、世界の常識的なルールに合わせて日本人のルールも見直すべき時期に来ているのだと痛感しています。

過去から現在まで最も苦労した点

　私と父は性格がまるで違い、私は感情面での幸せを追求するのに対し、父は早さと効率の良さを重視し考えるタイプでした。そのため、考えの相違から衝突する事もしばしばでした。父から跡を引き継ぎ社長になってからも、父のカリスマ的とも言えるワンマン経営に憧れたこともありましたし、なれない自分自身に自信を失った時期もありましたが、今ではお客様の心を重視し、そしてスタッフの幸せを追求した経営をしていることに誇りを持っています。

日本で最初にさくらんぼ狩りを開始した専門農園

今後のビジョンについて

　大橋さくらんぼ園の理念は『笑顔をつくる』『思い出をつくる』『感動をつくる』『人をつくる』です。私たちが丹精込めて育て、収穫しなければならないものは　美味しくて安全な『さくらんぼ』と、それを味わい、楽しむお客様の『よろこび』です。

　お客様に幸せを提供する仕事に携わっている私たちは、自分たちが幸せでないとお客様に幸せを与え続けることはできないと考え、『身近にいる一番大事な人、そして仲間同士を幸せにするために生きていく』ことを指針としておりこれからもその幸せの輪を広げていきます。

社名	有限会社　大橋さくらんぼ園
会社・農園所在地	〒079-1371 北海道芦別市上芦別町469番地
代表者名	大橋　正数
連絡先	TEL：0124-23-0654 FAX：0124-23-2828
URL	http://www.oh-cherry.com
問合せ先	担当部署（役職）：代表取締役 担当者：大橋　正数 TEL：0124-23-0654 FAX：0124-23-2828 E-mail：info@oh-cherry.com
生産商品名	さくらんぼ

萩原 貴司（有限会社 萩原フルーツ農園）

富士山と甲府盆地が目の前に広がる観光農園。高品質の果物を全国にもお届け

農業へ従事するきっかけ

山梨市の果樹農家に生まれ、幼いころから間近で桃やブドウなどの果物を見て育ちました。農業に従事するつもりはなく、東京農業大学卒業後大学院に進学し、植物栄養学を学び、試験管を振る事に励みました。農業自体のことなどは微塵も考えませんでした。修了後には、都内で高校の生物教員をすることに。しかしスーパーやデパートでの果物を見る毎に、山梨の実家で生産・販売している果物のクオリティーの高さを改めて感じ、感銘を受けました。この果物生産と品質を守り抜くこと、そして多くの方にこの果物を知っていただくことを願い、帰郷就農しました。

こだわり、セールスポイント

弊社では栽培技術として、品質向上と環境保全という2つの側面からBMW技術を用いています。BMW技術は、B：バクテリア・M：ミネラル・W：ウォーターを、バイオリアクターにて曝気し、得られた生物活性水を果樹に散布しています。日々試行を重ねていますが、減農薬や樹勢安定化等に効果があるようです。また、県内養鶏農業法人のつくるBM活性堆肥を使用し、単なる有機肥料を使用するのではなく、品質の高い堆肥を施用して高品質化に努めています。

毎年多くのお客様に支えられ、サクランボ・桃・ブドウを年

間2万件弱フルーツギフトとして全国に発送し、また、観光農園としても好評を得ています。

現在の日本の農業をどう見ているか

大規模植物プラントにて生産性を飛躍的に向上させる、もしくは、中小規模でも作物の機能性や品質を高め、ブランド化を進める。この2つは、更に今後の農業業界の主流となっていくと思われます。ITソリューション化による高品質化や省力化、また国内市場だけではなく海外市場に視野を向けることなどを進めていく必要があります。ただし、人と人との繋がりを忘れてはいけません。日本農業を文化として継承していくことも必要であると思います。

過去から現在まで最も苦労した点

先代は「自分で農産物の値段をつけられる農業」を目指して全国への宅配や観光農園を拡大してきました。農業では生産と販売を調整するのは大変難しいです。身一つで生産と営業をコツコツと重ねたことで、全国へ展開することができたのだと思います。それは大変な苦労と情熱が必要でした。今でこそ多くのお客様から信頼を得ており、リピーターのお客様も年々増加しています。時代は移り変わっているので、先代と同じやり方で成功させるのは難しいかもしれませんが、様々に模索し、発展させていきたいと思っています。

今後のビジョンについて

異常気象等で、年々高品質な農産物を作り保ち続けることが大変になってきています。周囲の農家も高齢化しており、今後は高品質な「本物」を作れる「職人」が少なくなる事が予期されます。この果樹産業を維持させるには、新しい職人、つまり若い農業者をしっかりと育てることが重要であると思います。一方、生産の効率化や海外販売も更に発展させていくなど、内向き・外向きの両視野の拡大を進めていきたいです。

社名	有限会社　萩原フルーツ農園
会社・農園所在地	〒405-0033 山梨県山梨市落合1337
代表者名	萩原　貴司
連絡先	TEL：0553-23-0133 FAX：0553-23-0030
URL	フルーツ狩り　http://hagifruits.net/ ショップ　http://hagifruits.com/
問合せ先	担当部署（役職）：代表取締役 担当者：萩原　貴司 TEL：0553-23-0133 FAX：0553-23-0030 E-mail：hagihara-fruits@fruits.jp
生産商品名	さくらんぼ・桃・ぶどう

内田 秀典（保命園）

お客さんが望む、ものづくりを！土づくりからこだわった魅力的な葡萄

農業へ従事するきっかけ

農業のイメージを変えるためです。僕は、実家が農家なので、小さい頃は畑が遊び場でした。周りには、家族やパートさん、お客さんがいるなかで成長してきたのですが、小学生の頃から、自分が「農家の息子」というのがコンプレックスで、「将来は農家を継ぎなさい」という家族の想いを感じると憂鬱で、継ぎたくないなと思っていました。

なので、どうしても一度社会に出たく、農業のベンチャー企業に就職しました。

ところがそこで、沢山のカッコいい農家やメンターと出会い、触れ合っていくうちに「やり方次第で農業のイメージを変えられるんだ！」と強く思うようになりました。そして、育ててくれた人達に農業で恩返しをすべく、農家を継ぐことを決めました。

こだわり、セールスポイント

【栽培方法】

葡萄の生育は人間の成長と同じです。なので、幼少期は食べやすい食事を食べやすい状態で、成長期には腹いっぱい食べさせて、成熟期には健康な子孫が育つような環境作りを心がけています。

【土づくり】

土づくりは3本の矢（物理性、科学性、生物性）が大切です。

人間は食物を体内に取り込み、腸から栄養を吸収することで自ら移動できるようになっています。植物にとっての腸は根っこなのです。自家製のボカシや酵素を使って土に善玉菌を増やしてあげると、植物にとっての腸内環境が良くなることにつながります。

栄養が適切に吸収されることで、美味しい葡萄が育つのです。

農業界を変えるためのお手本に

現在の日本の農業をどう見ているか

とてもいい時代だと思います。ネットや、SNSが発達したおかげで生産者が情報を発信しやすくなり、消費者と生産者との距離が縮まりました。生

産者は付加価値を付けないと必要とされない、ということに気が付きはじめ、工夫を凝らすようになっています。

更に、良い意味でも悪い意味でも同業者同士の仕事内容が見えてくるので刺激を受けたり、助け合いがし易しくなったりしてきました。

そして、ＴＰＰに向けて、海外で自分の生産拠点をもち、日本に輸出してやろうなんて農家も出始めています。世界に夢が広がります。

過去から現在まで最も苦労した点

生産で苦労なんて言うと、先輩方に笑われちゃうので、営業活動での話をします。

自分たちで手塩にかけて、こだわって育てあげた葡萄。より多くの人に食べて頂こうと、県内はもちろん、首都圏でフルーツを扱ってるお店に葡萄を持って周るのですが、全く相手にしてもらえないんです。理由は、

「愛知県産の葡萄は市場での評価が高くないから」

「個人の農家だと取り扱える葡萄の量が少ないから」ということです。

試食に出した葡萄をそのまま持って帰る時は、全部を否定された気持ちになり、さすがに悲しい気持ちになります。

ですが、「僕が育てた葡萄じゃないとダメ」と言ってもらえるよう、悔しさをバネにやるべきことをやっていきます。

成長段階に合わせた環境作りを心がけている

今後のビジョンについて

モノづくりがカッコいいと思える社会にしたい。

農業は担い手不足が問題とよく耳にしますが、担い手不足が問題なのではなく、担い手が不足する農業に問題があるのです。たとえば、収入が高くない、休みが少ない、文化的地位が低いなど。要はイメージが悪いのです。

そんな農業界を変えるために、自分がお手本になることを目指します。

利益を上げられるよう商売を学び、計画を立て、人を育てて時間を作り、出来た時間で勉強したり芸術やサービスに触れたりする。沢山吸収して、魅力的な葡萄を育てます。

食べた人が感動して、「この葡萄すごい！」「自分も作ってみたい！」「自分が作ったもので人を感動させたい！」と、思う人が日本中に増えたら、日本の将来は魅力的になりそうじゃないですか。

社名	保命園
会社・農園所在地	〒444-2112 愛知県岡崎市東阿知和町乙カ33
代表者名	内田　秀典
連絡先	TEL：0564-46-2835 FAX：0564-46-2614
URL	http://www.budou.ne.jp
問合せ先	担当部署（役職）：農場長 担当者：内田　秀典 TEL：090-4184-3191 FAX：0564-46-2614 E-mail：hidenori.uchida@gmail.com
生産商品名	葡萄（巨峰・シャインマスカット等35品種）・ 巨峰ヌーヴォ（巨峰ジュース）

向山 洋平（農業生産法人 黒富士農場）

自然と共生する自然循環農場を目指す経営

農業へ従事するきっかけ

祖父の代から始まった養鶏を、現会長が技術と理念を高め拡大し、北欧（オランダ・デンマークなど）の有機農家をモデルにして、国内でいち早く平飼い放牧や直売（6次産業化）を行ってきました。安全性と美味しさを追求して、高品質な卵を生産しています。

私の代ではさらに理念と技術を磨き、地域の人財となる若者の育成や次世代の若者が情熱と誇りを持てる農場として、100年先にも輝けるブランドとして、少しずつ確実に進化していきたいと思います。

こだわり、セールスポイント

鶏卵における有機JAS認証をいち早く取得し、オーガニック卵を生産する平飼い放牧の農場として希少な取り組みをしています。

標高1000mの豊かな自然環境は、鶏達にとっては最も自然に近い状態です。ミネラルやカルシウムが豊富な天然の湧き水を鶏たちに与え、飼料に関しては非遺伝子組み換えのとうもろこしや大豆を主原料としたこだわりの飼料に、米ぬかや海藻、牡蠣殻等を10種類以上加えた自社のオリジナル発酵飼料をミックスして鶏たちに与えています。

黒富士農場のスタッフ

現在の日本の農業をどう見ているか

現在の国内農業はまだまだ課題があります。後継者育成、地域の農業従事者たちの高齢化、農薬使用量世界一など自給率40％を維持することが次の世代に継承困難な部分など。特にもったいないと感じるのが60～70代の高い生産技術を持つ方々が引退してしまうことです。我々30代～40代の若手が率先してそんな生産者との交流の場や話を聞く機会を設けて、経験を学ぶようにしていくべきだと思います。

過去から現在まで最も苦労した点

自分は大学時代に養鶏を学んでこなかったので、日々生産現場で研修を重ね、問題点を解決していく過程で先輩たちの多くの経験が現在の農場経営に役立っています。

生き物を飼うことは、単に餌や水を与えればいいというものではなく、生物としての価値や幸せも考えてやらなくてはいけないと思っています。農場の理念に沿って自然との共生、動物福祉、安心安全な高品質な卵作りにどこまでもこだわっていきたいです。

生産技術の向上だけでなく、情報発信も時代に沿って魅力的に表現していくために創造力やデザイン力も養うことも必要だと思っています。

今後のビジョンについて

オーガニック卵やオーガニック加工品関連の増産を行い、農村の文化やライフスタイルを実体験できる「野の学校」をさらに充実させ、より一層地域との交流を深め、農業の持つ本源的価値、農の文化的な側面を広めることにも力を注いでいきたいと思います。

標高1000mの豊かな自然環境

社名	農業生産法人　黒富士農場
会社・農園所在地	〒400 -1121 山梨県甲斐市上芦沢1316
代表者名	向山　洋平
連絡先	TEL：055-277-0211 FAX：055-277-0298
URL	http://www.kurofuji.com
問合せ先	担当部署（役職）：代表取締役 担当者：古谷慶一 TEL：055-277-0211 FAX：055-277-0298 E-mail：beautyforest09@gmail.com
生産商品名	オーガニック卵・放牧卵・森のバウムクーヘン・シフォンケーキ等

石田 史（東富士農産株式会社）

健康は美味しいお客様に顔が見える食材の提供にこだわる

農業へ従事するきっかけ

父親が養鶏関連の事業を経営していたため、幼少期から農業はとても身近な産業であったのと同時に、いろいろな開発をしていく事で規模拡大だけでない、多様な展開ができる産業の面白さに興味があったためです。

こだわり、セールスポイント

弊社では、設立当初より生産から加工・販売までを一貫して行ってきました。お客様に、顔が見える食材の提供にこだわるのと同時に、安全・安心・美味しいという、価格だけでない、消費者のニーズに合った商品を開発してきました。

飼育の段階で薬品に頼ることなく、健康な鶏を育てる独自の技術を開発し、他にはない肉質でお客様からの信頼を得ております。

この経営理念で、創立から半世紀になる弊社では、取引先との信頼関係を第一に長年にわたる取引の中で得た信頼を裏切ることのないように頑張っています。

現在の日本の農業をどう見ているか

農業と言っても、作物別・形態別・規模の大小によって見

富士山麓でのびのびと育つ鶏

方は様々ですが、農業が日本から無くなることはなく、それぞれの経営方針は自分で見つけるしかないと思う。

グローバルに展開し、価格の競争に入るやり方・特徴をアピールすることで付加価値を作る方法など、いずれにしても、生産物の品質・収量を安定させ、更にどのような販売をして行くのかが農業のテーマだと思います。

そのためには、生産者ももっと情報の収集・発信を行うべきでは？消費者のかたに、食材に対して関心を持ってもらうためにはどうすればよいのか？

過去から現在まで最も苦労した点

先ほども述べたように、父から受け継いでいるため、基本的にはその流れに追った形の展開をしていますが、その中に少しずつ軌道修正をかけています。

初代が開発した商品をどのように商品価値を高めていくのか？そのためには何が必要であるのか考えるべきです。また、時代の変化に合わせた対応等、状況に応じて修正しています。

今後のビジョンについて

農業だけでなく、あらゆる産業で供給過多の状況であり、今後需要が増えてくるとは考えづらい。

ＴＰＰがどのようになるのかは判らないが、言われているように農畜産物の安価なものが輸入されてきても、家庭ではほとんど料理をしなくなった現在で、どれだけ影響があるのでしょうか？

コンビニ惣菜をはじめとする中食需要がどんどん伸び続けている昨今では、より細分化した分析を基に、消費者ターゲットを絞る必要があるのでは？

そのため、規模拡大等による供給過多の方向はありえず、新たな展開を提案し続けることしかないと思います。

ＴＰＰが新たな市場となる流れの中で、環太平洋経済圏を見据えての展開が大手にとっては必要となり、中小規模の生産者は時代の変化に順応できるよう、細かな舵取りが必要となってきます。

会社パンフレット

社名	東富士農産株式会社
会社・農園所在地	〒412-0045 静岡県御殿場市川島田1479-1
代表者名	石田　史
連絡先	TEL：0550-89-3144 FAX：0550-89-3171
問合せ先	担当者：石田　史 TEL：0550-89-3144 FAX：0550-89-3171
生産商品名	鶏卵・鶏肉

島　哲哉（有限会社　仁光園（にこうえん））

〝昔ながら〟と〝国際基準〟をあわせ持つ越中富山のこだわり卵の生産者

農業へ従事するきっかけ

祖父が創業した養鶏場の社長を務める父哲雄の長男として生まれ、大学卒業後周囲の期待どおりに入社しましたが、地元青年団体活動に入れ込みすぎ、父と対立して退社。

数年フリーター生活を送るが、ある人から言われた「祖父からコツコツと積み重ねてきた会社の信頼と卵の品質の良さがもったいない。自分はこの先どのように生きて行きたいのか」との言葉がきっかけで頭を下げて復職。お客様に自社の取り組みをお伝えする営業担当として勤め、今年4月に代表取締役社長に就任しました。

こだわり、セールスポイント

自然の光と風を有効活用した「昔ながら」のゆとりある開放式鶏舎で、すべての鶏の状態を人の目で見る丁寧な飼育管理を基本に、業界で初めて「国際基準」コーデックス規格による農場HACCPシステムの認証を取得した自社農場で産まれた新鮮卵を直接お届けしています。

卵の味を決める飼料も産地の明確な原料を自社独自のレシピによる配合を行うことで、安全・安心はもちろん美味しさにもこだわっています。また鶏も生まれたてのヒヨコを自分たちの手で育てることで、自社一貫生産を行っています。

現在、力を入れている富山県産米を主原料に使用した飼料から生まれた「米寿の卵」は、飼料主原料をトウモロコシからお米とすることで、履歴の確かさでの安全・安心はもとより必須脂肪酸であるαリノレン酸が豊富なヘルシー卵となりました。お米由来の優しい甘みが特長です。

鶏舎内部

現在の日本の農業をどう見ているか

３Ｋといわれて久しい農業も、機械化がすすみ労力的には負担が少なくなってきていますが、機械の購入費用を賄うために大量生産にせまられ、結果供給過剰に陥り販売価格の下落を招いているのが現実です。

少子高齢化による労働力不足のために機械化は避けて通れませんが、労働環境の整備により高齢者のパートタイムによる労働力確保とそれによる雇用創出、そして必要最低限の設備投資での採算性の高い農業生産を確立すべきと考えています。

過去から現在まで最も苦労した点

右：社長の島哲哉、左：農場長の島悟、中央：ＧＰ担当の島貴子

農場ＨＡＣＣＰシステム認証の取得とその維持が大変です。初生雛（生まれたてのヒヨコ）からの自家育雛はずっとやってきていたので、その育成期間を利用したモニタリングをベースのひとつとしてシステムの構築を行うことができましたが、それに付随する書類の整備と保管管理を習慣づけることがなかなか定着できませんでした。

しかしあきらめずコツコツと粘り強く現場に落とし込むことで形にすることができました。

今後のビジョンについて

日本では当たり前になっている生食用卵を、ＨＡＣＣＰで裏付して今後も恒久的にお客様にお届けするため、「手間を惜しまず心を尽くす」をモットーに〝変わらない〟自家育成からの一貫生産による小ロットでの飼養管理、安全安心、美味しい卵の安定供給を支える飼料原料を飼料用米と堆肥の地域内循環を柱とする地元での調達推進、そして時代にあわせ変わるお客様のニーズに対応するために、地元高岡の誇る伝統産業をはじめとする異業種との連携を積極的に行い、〝卵〟をベースとする新しい〝価値〟の創造を行い、社名の由来に恥じない会社にして行きたいと考えています。

社名	有限会社　仁光園
会社・農園所在地	【本社・GPセンター】 〒933-0822 富山県高岡市十二町島134 【小矢部農場】 〒932-0008 富山県小矢部市菅ヶ原30
代表者名	島　哲哉
連絡先	TEL：0766-63-8084 FAX：0766-63-0215
URL	http://www.niko-en.co.jp/
問合せ先	担当部署（役職）：代表取締役社長 担当者：島　哲哉 TEL：0766-63-8084 FAX：0766-63-0215 E-mail：info@niko-en.co.jp
生産商品名	米寿の卵・なまたまグー・安心たまごちゃん（殻付き鶏卵）・米たまジェラート等加工品

那須 修一（有限会社那須ファーム）

鶏と卵を通して人のお役に立ちたい
―安心・安全な卵づくりへの妥協なき追求

農業へ従事するきっかけ

幼いころより鶏と卵が大好きで、庭先で10羽程世話をしていました。

農業高校在籍1年時に弁論大会に出場。「私の夢見る養鶏」で県下3位入賞。以来その夢を実現すべく、養鶏専業を目指す決心をいたしました。

20歳になっての創業時より「鶏と卵を通して人のお役に立ちたい」を企業理念とし、当時の思いを胸に日々の飼育・生産にいそしんでいます。

こだわり、セールスポイント

鶏種は、鶏病やストレスに強い、唯一の純国産鶏と言われる〈もみじ〉〈さくら〉を飼育しています。

飼料の原料には熊本県産米をはじめ、非遺伝子組み換えトウモロコシなど、産地や経由地など明確なトレースが可能なものを厳選し、自家配合で給餌しています。

また、農場・GPセンターの防疫衛生には、ＨＡＣＣＰシステムを導入し、衛生管理を徹底しています（２０１２年「農場ＨＡＣＣＰ推進農場」指定）。１９７３年より日本で初めて卵の「産直」の取り組みを始めました。

唯一の純国産鶏を飼育

「鶏と卵を通して人のお役に立ちたい」が理念

現在の日本の農業をどう見ているか

少子高齢化は特に農業分野の担い手に顕著に現れています。他産業同様に食糧もボーダレス、グローバル化は進み、今後も食糧自給率UPは容易には進まないと思われます。

農業規模は拡大・寡占化し、「大小二極化」及び「加工商品や産直・直販」など多角化が進む状況であると見ています。

過去から現在まで最も苦労した点

創業からの3年間は飼育管理や鶏舎建築と無休状態。拡大に伴う農場敷地の確保、土地交換は容易でありませんでした。

２００８年、創業40周年を記念して「お米の卵で地域活性・夢挑戦プロジェクト」に取り組み、国内初の飼料用籾米（モミガラ付）による栽培試験と飼育試験を実施しました。

特に飼育試験既存研究データは前例が無く、手さぐりからの出発、2年半の歳月をかけて「八十八卵」が完成しました。

産地直販で新鮮な生卵

ひよこ

今後のビジョンについて

食の安全性・安心性・説明責任性は当然として、消費者との信頼醸成を最大の課題としています。地産地消や農業の多面的機能、地域環境保全や経済循環を推進する為にも飼料用米の活用を拡大しています。

養鶏業を「生命総合産業」と位置付け、人と自然が調和した、地域に根差した養鶏場を目指します。世界で唯一生食できる日本卵、生食文化を発展させながら産地直販と共に海外との国際産直を拡大していきます。

社名	有限会社那須ファーム
会社・農園所在地	〒869-0512 熊本県宇城市松橋町古保山1748-1
代表者名	那須　修一
連絡先	TEL：0964-32-2796 FAX：0964-32-5815
URL	http://www.nasufarm.com/
問合せ先	担当部署（役職）：東京営業所 担当者：原田 TEL：03-6433-5637 FAX：03-6433-5637 E-mail：m.harada@nasufarm.com
生産商品名	生食用鶏卵

横田 清廣（横田ブロイラー）

「鶏の心をつかむ」が信条の愛情あふれる養鶏家。丁寧な仕事が美味しい感動を生む

農業へ従事するきっかけ

家は代々農家だったが農業に魅力を感じることはなく、後を継ぐ気はありませんでした。

タバコ農家の三男で、左官業を営んでいましたが、父親の希望で農家を引き継ぎました。父親はタバコの生産でいくつもの表彰を受けた大きな存在でした。そんな父親の元、自分なりの農業を求めて多くの農業を勉強しました。農業の中でも収入が安定し、季節にとらわれない農業としてブロイラー経営に乗り出したのが昭和52年。1，500羽からのスタートでした。この時はタバコを主幹作物としていましたが、平成元年からブロイラーの生産規模拡大を行い、タバコの生産は経営権を譲渡しました。

こだわり、セールスポイント

「鶏の心をつかむ」が信条。

常に鶏の目線で考え、最高の飼育環境を目指しています。空気の流れ、気温の変化、給餌方法、床面の管理。常に新しい取り組みを続けることで、「鶏」のかゆい所に手が届くほどの飼育を実践しています。有田食鳥生産組合のグループで植物性原料をふんだんに使った特種飼料によるブランド化にも取り組んでいます。

起業を志すうちに、通常の流通ではどの農場の肉も一緒にされ、店頭では誰が育てたかなんて分からないという業界を実感しました。処理場にも協力していただき、トレーサビリティーにも取り組み、一部のスーパーの店頭では、私が生産した鶏肉が名前を表示して販売されています。

健康に育つと美味しい。愛情をかけた分だけ鶏は応えてくれます。愛情があふれているからこそ手をかける、その愛情に終わりはありません。

家族で「ありたどり」の飼育に取り組む

現在の日本の農業をどう見ているか

TPPなど、大変な時期を迎えたと思います。しかし、消費者から選ばれる農産物は最終的に残ります。有田食鳥生産組合のグループで銘柄鶏「ありたどり」の生産に取り組んでいます。毎月生産者が集まり、生産成績を検討します。真剣な議論から次の一手が見つかります。ブランド化と言えば簡単に聞こえますが、消費者から納得してもらえる違いがあってブランド

が光りだします。

「ほら、食べてみてん、うまかろうが。一生懸命作りよるけんうまかと！」自分たちができる最高の商品を生み出し、自信を持って話をする。そのプライドと自信がブランドを作り、「売れる」商品になります。迷いはありません。

過去から現在まで最も苦労した点

平成3年の普賢岳の噴火で被災し、自宅と併設の鶏舎から避難しました。鶏舎には飼育途中の鶏がいましたが、そのまま避難しました。ブロイラー生産ができず、水道工事などで収入を得る時期が続きました。知人や関係機関の協力で、平成5年から隣町でブロイラー生産を再開しました。その後、警戒区域が解除され、被災を免れた住居に帰りました。荒廃した鶏舎の修復を行い飼育を再開。長男と2か所で生産するようになりました。

平成25年には、黄綬褒章を受章

火砕流が自宅に向かってきたときにはとても恐ろしかったです。また、飼育中の鶏を残して避難する時には涙が流れました。自分一人でも飼育を続けたかったのですが、飼料を運んでくれるトラックが鶏舎まで行けず、断腸の思いで避難しました。

今後のビジョンについて

息子二人が一緒に仕事をしてくれています。息子一人あたり常時10万羽の規模で生産し、安定した経営ができるようにしてあげたいです。

当然、有田食鳥生産組合の中で切磋琢磨し、銘柄鶏「ありたどり」をさらに美味しいブランドとして育てていきたいです。息子の嫁に、「唐揚げ店」を経営してほしいですが、このような「ありたどり」を中心にした6次産業化を目指していきます。

耕種農家との連携、他の畜産経営者との連携、関係する皆さんとの協力、消費者の支持。多くの人に支えていただきながら経営を続けていければと願っています。

社名	横田ブロイラー
会社・農園所在地	〒859-1505 長崎県南島原市深江町戊2515
代表者名	横田　清廣
連絡先	TEL：0957-72-4127 FAX：0957-72-4127
問合せ先	担当部署（役職）：有田食鳥生産組合 事務局 担当者：池田憲正 TEL：0955-46-2220　ありた株式会社内 FAX：0955-46-2222 E-mail：shop@aritadori.com
生産商品名	銘柄鶏「ありたどり」

宮治　勇輔
（株式会社みやじ豚）

月100頭の希少さとBBQマーケティングで日本一メディアに紹介されるブランド豚

農業へ従事するきっかけ

家は代々農家でしたが農業に魅力を感じることはなく、後を継ぐ気はありませんでした。

起業を志して勉強するうちに、通常の流通ではどの農場の肉も一緒にされ、店頭では誰が育てたかなんて分からないという業界の現状を知り、問題意識を持ちました。

生産から顧客の口に届けるまでを農業として捉えれば、農業は魅力的な仕事であると感じました。親父の代で終わらせてはいけないという想いも芽生えました。

一次産業を、かっこよくて・感動があって・稼げる3K産業にすることこそ、自分が小さな養豚農家に生まれてきた運命ではないかと考えるに至り、勤めていた会社を辞めて実家に戻って家業である養豚業を継ぎました。

こだわり、セールスポイント

日本では非常に珍しい単一生産者による銘柄豚であることにこだわり、宮治家で生産した豚のみをみやじ豚として供給しています。月の生産頭数は100頭と通常の銘柄豚に比べて5％程度の生産量しかありません。一方、丁寧に育てられるので、品質のばらつきがなく美味しい豚肉を安定して供給することが可能になりました。

うま味成分である遊離グルタミン酸の含有量は国産の銘柄豚の約2倍と非常に高く、脂の質も良い。お肉は一切食べられないけど、みやじ豚なら食べられるという女性もいます。

みやじ豚の考えや味に共感してくれる個人や取引先に提供できれば良いというスタンスでいるので、取引先が増えても規模を拡大する気はありません。

現在の日本の農業をどう見ているか

日本の農業は、規模は小さくて価格競争力はありません。しかし、味の良さは世界一という自負があります。

また、南北に長い国土の気候風土の違いを活かして産地を形成し、全国各地の小売店に一年中新鮮で品質の高い農産物を供給し続けるシステムは世界に誇れます。

一方、農家の平均年齢は66歳と高齢化が進み、後継者不足が懸念されています。しかし、農業の未来を

生産者との交流バーベキュー

悲観する必要はありません。

「競争力＝価格の安さ」という考え方を改め、自身の強みを発揮できる農業経営を行う必要があります。農業の理想は家族経営。中長期的な視点で強みを磨くことができる家族経営の強みを発揮し、海外の人が「日本の品質は世界一」と評価する農業を目指すべきです。

過去から現在まで最も苦労した点

月100頭という生産量は愛情をこめている証

みやじ豚を日本のトップブランドに引き上げるために現在も苦労しています。

今でこそ飲食店から「ぜひみやじ豚を取り扱いたい」と連絡を頂けるようになりました。だが、日本には銘柄豚が400種類存在しています。全国各地全ての豚が何らかの名称で販売されています。名称だけ見たら、それが普通の肉質の豚肉であっても「ブランド豚」と勘違いしてしまいます。その中にあって、みやじ豚がいかに他の「銘柄豚」と比べておいしく、希少で、価値があるかを伝えるのは非常に難しい。そこで、希望する人にみやじ豚を食べてもらい、我々生産者と直接話をするバーベキューイベントを開催しています。五感でみやじ豚を体感する場を提供し続けています。

今後のビジョンについて

みやじ豚を日本一のブランドに。日本一というのは、とにかく沢山生産してどこでも手に入る豚肉になる事ではありません。日本で一番お客さんに近いところで想いと味を届けられるようになること。規模は拡大しません。

もっと多くの飲食店でみやじ豚が食べられるようになること。また、ウデやモモ肉などの余剰部位で生ハムやポークジャーキーなどの商品を開発すること。

生産から顧客の口に届けるまでを一貫してプロデュースし、農業はかっこよくて・感動があって・稼げる3K産業であることを自ら証明すること。

実家が農家の都心で働く若者に農業の魅力と可能性を伝え、帰農を後押しする農家のこせがれネットワークを通じて多くの若者が夢と希望を持って就農する業界にすること。

社名	株式会社みやじ豚
会社・農園所在地	〒252-0824 神奈川県藤沢市打戻539
代表者名	宮治　勇輔
連絡先	TEL：0466-48-2331
URL	http://www.miyajibuta.com
問合せ先	担当者：宮治　勇輔 E-mail：mail@miyajibuta.com
生産商品名	みやじ豚

冨田 泰雄（有限会社 冨田ファーム）

20年余り化学肥料不使用の循環酪農を営んできた「原料に勝る技術なし」を実践

農業へ従事するきっかけ

幼少期から牛乳の宅配が日課になっていて、いつしか農家の後継者としての使命を植え付けられていました。

やるからには人から一目置かれる酪農人になりたいとの考えが芽生え、実習先で酪農の道で生きていこうと決心しました。

黒澤酉蔵の「酪農は唯一化学肥料のいらない農業である」との言葉に大変興味を覚え、圃場実験を行い土壌分析・草分析を続け、研究としてきました。

こだわり、セールスポイント

どこにも勝る原料乳づくりに徹しています。一年を通して最良の原料を差異なくつくり続けます。草の香りや味が一番良い花の咲く頃に収穫し、発酵を応用し、貯蔵します。一年中最良の草を変わりなく与えることで、日々変わりのない原料乳づくりが出来ています。

チーズ製造は、出来るだけ技術を数字に置き換え、技術を高める工夫や新たな製品をつくる基として重んじ、効率を第一に置かず、決して手を抜かず、安心安全で美味しい製品づくりを実践しています。また、環境に負荷をかけない農法を目指しています。

豊かな自然の中で新たな農法を確立

現在の日本の農業をどう見ているか

現状に甘んじていては、やがて潰されてしまいます。

高いイノベーションでのものづくりを目指し、スケールや規模では太刀打ち出来なくても、より良い製品づくりを目指すことで優位に立つことが出来ると考えており、それらの市場も現実に存在しています。

過去から現在まで最も苦労した点

誰もやってこなかった放牧飼養の欠点を克服できる農法を実験実証し、確信を得ながら実践してきましたが、新たな農法を確立するには諸所の課題・問題点を自分で研究し克服せねばならず、奥深い研究心が必要となりました。常に己を信じ、信念を持つことに苦心しました。

今後のビジョンについて

２０２０年に行われる東京オリンピックの時には、著名なホテル、レストラン等で、日本のチーズで「おもてなし」出来るよう、西欧のチーズに負けないイメージを構築していくことです。

循環農法により製造されるチーズが世界でオンリーワンのブランド力を持ち、海外にもこのチーズの販路を広げていきたいと考えています。

いずれは、自社生産乳の全量を加工販売していくことを目指しています。

チーズで世界でのオンリーワンのブランド力を目指す

循環自然農法を実践する牧場で育った牛たちが産み出してくれた、濃くて甘みのある牛乳を、低温殺菌処理した自慢の牛乳。
ご当地牛乳グランプリ2013「最高金賞」受賞

社名	有限会社　冨田ファーム
会社・農園所在地	〒098-124 北海道紋別郡興部町宇津99-8
代表者名	冨田　泰雄
連絡先	TEL：0158-88-2611 FAX：0158-82-2640
URL	http://www.tomita-farm.jp/
問合せ先	担当部署（役職）：代表取締役 担当者：冨田　泰雄 TEL：0158-88-2611 FAX：0158-82-2640 E-mail：staff@tomita-farm.jp
生産商品名	生乳・有機牛乳香しずく・ドリンクヨーグルト・ソフトクリーム・ナチュラルチーズ・ミルクジャム・生キャラメル

海野 泰彦（有限会社ファームデザインズ）

北海道の素晴らしさを、世界へ

農業へ従事するきっかけ

北海道の自然に魅せられ、この地にどっしり腰を下ろして生きていきたいと思い、ライフスタイルとして働く場所に牧場を選びました。そして、厳しい自然と闘いながら自分たちが理想とする牧場が出来上りました。

その後、自慢のミルクを直接お客様に味わって頂きたいと、牧場の中にレストラン「ファームデザインズ」をオープンしました。そこで扱うスイーツは、全国の百貨店で開催される北海道物産展などで人気を集めるようになり、現在では海外からも問合せが相次ぐようになりました。

こだわり、セールスポイント

コンテストで「最高金賞」に輝いた自家牧場のミルクを原料として、様々な形に加工することでミルクの素晴らしさを伝えています。低温殺菌により、牛乳が本来持つほのかな甘さを楽しんで欲しいのはもちろん、プリンやチーズケーキの美味しさにも自信があります。

ファームデザインズでは農薬はもちろん、化学肥料も極力減らして、微生物や植物の力をバランスよく引き出す土作りに挑戦しています。

できる限り手作り、できる限りオーガニックをめざし、丁寧な努力の積み重ねで一度食べたら忘れられないスイーツを作り

自由にさせる方式での酪農

続けるのが目標です。

現在の日本の農業をどう見ているか

大規模化、価格競争のマーケットに挑むべきではないと考えています。ブランド化がすべての日本農業のキーワードとなるのではないでしょうか。

飼育頭数が少ないことは、労働負荷の軽減につながります。私たちの牧場では、僅か35頭（北海道では小規模）を家族労働のみで飼育し生計が成り立っています。

もっと大きな牧場がどこも経営難に苦しみ、ＴＰＰ以降はいっそう困難を極めるといわれています。でも小規模でも成立する酪農があるのです。

過去から現在まで最も苦労した点

世界から注目されるファームデザインズを経営する海野さん

やはり一番大変だったのが人材の不足です。熱い思いで参加してくれる若者のどれだけ減ってきたことでしょう。

農業全般に言えることですが、この仕事をやっていく上で一番大切になるのが農業への思いです。労働としてはけっして楽なものではありませんが、それを上回る思い、より良い品質の食材を生産してお客様を満足させる喜びが、農業を続けていく支えとなるのです。

そのような熱い思いを持った若者が、酪農の世界に入ってくることを強く望んでいます。

今後のビジョンについて

現在タイで18店舗のフランチャイズ店を展開。東南アジアでは知られた存在になっています。

北海道の素晴らしさを世界に広めるために、今後はアメリカ、ヨーロッパにも展開を検討中です。

そして、安心安全な乳製品を一人でも多くのお客様に提供することと、小規模家族経営であっても持続可能な酪農を広めていけるよう、トップランナーとして、酪農の素晴らしさを伝えていきたいと考えています。

社名	有限会社ファームデザインズ
会社・農園所在地	〒088-1486 北海道厚岸郡浜中町熊牛基線107番地
代表者名	海野　泰彦
連絡先	TEL：0153-64-2310 FAX：0153-64-3950
URL	http://www.farmdesigns.com
問合せ先	担当部署（役職）：取締役社長 担当者：海野泰彦 TEL：090-8901-1358 FAX：050-3737-9021 E-mail：kainoy@farmdesigns.net
生産商品名	北海道チーズケーキ

藤井雄一郎（有限会社　藤井牧場）

「牛も人もどんどん育つ牧場」北海道開拓期から111年続く酪農一家

農業へ従事するきっかけ

家業が北海道開拓期から百年続く酪農だったので、そこで生まれ育った私が就農するのは自然な流れでした。

大学卒業後、アメリカに酪農の修行をしに行くつもりでしたが、実家の牧場が伝染病に見舞われ、経営危機に陥ったため断念しました。

卒業と同時に牧場に入り、伝染病の正常化と経営の立て直しに奮起することとなりました。

こだわり、セールスポイント

日本でも有数の観光地である北海道富良野。美しくもある、一方で厳しい自然から得られる空気、水、牧草を活かした生乳は最高品質を生み出します。

さらに国内初の農場ＨＡＣＣＰ認証を取得して安全性は折り紙付きとなります。また国内初のサンドリサイクルシステムを導入し、砂ベッドにより牛の快適性は極上となりました。

現在の日本の農業をどう見ているか

農業をめぐる外部環境は大きく変動しています。グローバル化が進み、従来のままではその変動に乗り切れなくなっているのですが、国、農協も含めて業界の主体は依然として内向きの

藤井牧場集合写真

状態にあります。

若い農業者の育成と農業技術の発展が必須となりますが、現状そこに投資がされていない点を改善しなくてはならないと考えています。

過去から現在まで最も苦労した点

伝染病の克服に10年を費やしたことです。しかし、この過程の中で培った技術が農場ＨＡＣＣＰの獲得につながり、国内最高の技術力を蓄積することができました。

具体的には、一頭当乳量１２０００ｋｇ（国内平均の１・５倍）、初産分娩月齢21か月（国内平均を３か月短縮）などです。

今後のビジョンについて

酪農業界としては離農が進み生産量が減少している現状があります。しかし、アジアの畜産物市場はこれから飛躍的に増大していく状況となっています。国際的な乳価も上昇しています。

このねじれの中に大きなチャンスがあると見ています。労働力不足が叫ばれていますが、人を育てる仕組み「成長支援制度」を強みに組織を成長させていくことが、これから目指すべきところです。

社名	有限会社
会社・農園所在地	〒076-0184 北海道富良野市八幡丘　無番地
代表者名	藤井　雄一郎
連絡先	TEL：0167-29-2342 FAX：0167-29-2341
URL	牧場　http://www.fujii-bokujo.com/ チーズ工房　http://cheese.fujii-bokujo.com/
問合せ先	担当部署（役職）：代表取締役 担当者：藤井　雄一郎 TEL：0167-29-2342 FAX：0167-29-2341 E-mail：daihyo@fujii-bokujo.com
生産商品名	生乳・乳製品（チーズ・ソフトクリーム・ジェラート）

秋葉 博行（株式会社秋葉牧場）

〝自然と共生する文化の創造〟を目指し、教育・体験の場と安心な食を提供します

農業へ従事するきっかけ

現在「成田ゆめ牧場」として観光牧場を営む弊社ですが、その前身は明治20年に東京砂町で創業した搾乳専業牧場「秋葉牧場」です。代々、酪農業を生業としてきた家系に生まれた私は、日本の搾乳牧場黎明期とも言える時期から連綿と続く「家業」に誇りを感ずると共に、その運営における労苦も肌身に感じながら育ちました。そうした環境下、今思い返すと若気の浅慮と赤面致しますが、急激に変動する社会・経済状況における酪農のあり方や理想の形を、いつしか真剣に考えるようになりました。家業である以上に、自らの選択として酪農業を職業とする決意を固めた私は、大学卒業後にアメリカに渡り最先端の酪農を学び、現在に至る道を歩み始めました。

こだわり、セールスポイント

「牧場」であること、あり続けること、でしょうか。明治20年の創業から積み重ねてきた酪農の歴史は、それ自体が代え難い財産であり強みです。牛乳は牛が出すという「常識知」と、実際に牛の乳頭に触れ温かさを感じる「体験」の間には大きな懸隔があるでしょう。また、牛を育てる時点から商品としてお客様に届くまで一貫していることは、開発アイデアや製品品質という観点からも、お客様への訴求という観点からも大きな利点です。

自然の中でお子様が動物と触れ合い、ご家族で癒しのひと時を過ごし、安心できるお食事をご堪能頂くこと。弊社は「電気仕掛けのテーマパーク」にはなれませんし、なろうとも思いません。それがセールスポイントです。

現在の日本の農業をどう見ているか

日本における酪農業従事者の数は年々減少の一途を辿っています。要因は多様と思われますが、例えば、支出の大きな割合を占める輸入飼料の価格が政治経済情勢によって甚大な影響を受けるなど、個人の努力で解消することが困難な点もあります。いずれにせよ、日本の酪農業は従来型の経営方法では立ち行かなくなっている、というのが総体的な現実と言えるかと思います。酪農業界にとって、新しいスタイルを作り上げることは急務です。今こそ、我が国の酪農業の行く末を見据え、6次化を推進するなど日本独自の

自家製チーズをたっぷり包んだチーズコロナ

酪農スタイルを確立する時期に来ていると思われます。微力ながら私どもも事業展開のお手伝いができれば、と考えております。

過去から現在まで最も苦労した点

「搾乳専業牧場」から「観光牧場」への転換を行ったことが最大の転機でした。一介の酪農家が未経験の分野で多くのお客様をお迎えするには幾多の壁がありました。いかにお客様を呼び込むか。観光施設として設備面に気を取られがちですが、ソフトを充実させないとリピーターは付かない現実を痛感したことで、工夫することを学びましたし、現在に至るまで社員にも思考の道筋として強調しています。同時に歴史ある酪農牧場として、あくまでも酪農を核にした事業化を志して参りました。

基幹としての乳製品の品質を落とすことなく、集客と並行して、安心で良質な美味しさをご提供することが、現在に至るまでも最も苦労している点かもしれません。

今後のビジョンについて

観光牧場に転ずる際、根底には「手塩にかけて育てた牛から命の恵みを頂き、自らの手で作り上げた牛乳を、お客様へ直接お届けしたい」との思いがありました。それは今後も不変です。

生産から製造・販売まで一貫して行えることが弊社の強みです。昨年から念願の自家製チーズを作り始めました。牧場内にはこの自家製チーズ料理専門店を開店しておりますが、様々な加工製品・素材としての可能性も飛躍的に拡がりました。

また現在、東京・沖縄を含めた各地に直営店舗を出店しており、更なる展開も視野にあります。但し、考え方は観光牧場開業時と全く変わりません。歴史や製造工程そのものを最大の強みとして、夢を広げていきたいと思っております。

乳搾り教室

社名	株式会社秋葉牧場
会社・農園所在地	〒289-0111　千葉県成田市名木730 本社：〒276-0049　千葉県八千代市緑が丘2-2-10
代表者名	秋葉　博行
連絡先	TEL：0476-96-1001 FAX：0476-96-1055
URL	http://www.yumebokujo.com/
問合せ先	担当部署（役職）：広報イベント課　課長 担当者：鈴木 TEL：0476-96-1001 FAX：0476-96-1055 E-mail：taku@yumebokujo.com
生産商品名	牛乳・ヨーグルト・チーズ等の乳製品類、スイーツ類等

小林 輝男（有限会社　小林牧場）

美味しさに安全をのせて食卓へ、甲州ワインビーフ生産情報公表JAS認定の牛肉

農業へ従事するきっかけ

昭和30年代末に、父親が今でいう脱サラをして農業の世界に入りました。戦後の食糧増産ということで行われた開拓地での新規就農でした。山を切り開いて野菜作りと乳牛1頭からの農業で、苦しい生活が長く続きました。そんな状況の中でしたが私も学校を卒業すると同時に農業後継者として就農しました。山の中で大地と格闘する父親の後姿を見て、何のためらいもなく農業の世界に飛び込み、明日を夢見て必死で働きました。

昭和60年になったころ、乳牛60頭ほどで安定した酪農経営を行っていましたが、自分が経営主になったのを機会に家族経営の畜産の難しさを解消すべく、規模拡大を図り法人化を行いました。また、酪農経営から肉牛経営に転換を図り、同時に仲間と甲州ワインビーフというブランドを立ち上げました。

こだわり、セールスポイント

果樹大国・山梨県で生産されるぶどうを使ったワインの製造過程で出るぶどうの皮と種を、飼料として育てた牛肉です。ぶどう粕を食べさせることにより、牛の生産コストが下がるというメリットもあります。また、ぶどうに含まれているポリフェノール等の機能性物質により牛の飼育環境も良くなり、さらに肉が独特の美味しさになります。

安全性をより高めるため、場内での農薬の不使用や、遺伝子組み換えでない穀物をできるだけ使用した配合飼料を食べさせる取り組みを行っています。

また、消費者の皆様により安心して食べてもらうための取り組みとして、生産情報公表JASの認定を受けています。全国的にもまだ少ないJASマークの付いた牛肉です。消費者の皆様が、安心して食べることによって、1グレード上の美味しさを感じてもらえるものと思います。

安全な無農薬の配合飼料で元気に育つ

現在の日本の農業をどう見ているか

最近は米の減反政策の転換、また異業種の農業参入やTPPの問題等、日本の農業も大きく変わる兆しが見えていると思います。そんな中、農業の生産現場は後継者不足で高齢化が進み、業種によっては深刻な状況になっているものもあります。

私共の畜産も今非常に大変な状況になりつつあります。全国での農家数が極端に少なくなっており、このままの状態が

続くと国産の畜産物を消費者が入手しづらくなると思います。飼料高、素牛高にくわえて、畜産の家族経営の難しさもあり、特に酪農家の減少が激しく、この10年間で3割強の農家が廃業しています。

生産基盤が壊れてしまわないうちに、何らかの対策が必要かと思います。しかしながら、私共の牧場ではピンチをチャンスと捉え、販売力を強化し、6次産業化を図る中で全量自社販売に向けて取り組み中です。

過去から現在まで最も苦労した点

昭和62年から肉牛飼育に取り組んでから、これまで2点の問題で相当の苦労がありました。

1点は金融問題です。平成3年に法人化し、規模拡大を図りましたが、一番難しかったことは資金調達です。個人経営から法人経営にしたばかりで金融機関とあまり付き合いもなく、拡大計画に必要な資金は年間売り上げの2倍の額であり、貸付決定がもらえず計画が頓挫しそうな状況でしたが、なんとか借入を受け計画を遂行できました。

ワインの製造過程で出るぶどうの皮と種を飼料として育てる

もう1点は、牧場で生産した牛は枝肉で市場販売しますが、これまで何度か価格暴落があり、経営が困難に陥ったことがありました。市場価格の変動を少しでも少なくする取り組みとして、自社販売を始めました。6次産業化です。加工技術も販売ノウハウもなく、数年間は苦労の連続でした。しかし、その苦労が今の経営のもととなっており、その苦労に感謝しています。

今後のビジョンについて

現在小林牧場では約1300頭の牛を飼育し、年間生産量の50%を自社販売店において業務用卸売、また一般消費者への小売等で販売しています。今後の取り組みとして自社販売比率を高め、生産現場の経営安定を図っていきたいと考えています。

市場価格に大きく影響されず、自社で価格決定権を持つことが大事と考え、会社の取り組みの柱として進めていきたいと思います。

全国的に牛の数も減り、飼育農家も減り続ける状況ですが、小林牧場の生産現場で働く若者たちのためにも、全国で明日の明るい農業を夢見て取り組んでいる若者たちのためにも、少しでも参考になるような経営にしたいと考えています。

社名	有限会社　小林牧場
会社・農園所在地	〒400-1121 山梨県甲斐市上芦沢1339
代表者名	小林　輝男
連絡先	TEL：055-277-0502 FAX：055-277-0185
URL	http://www.winebeef.co.jp/
問合せ先	担当部署（役職）：代表取締役 担当者：小林　輝男 TEL：055-277-0502 FAX：055-277-0185 E-mail：k-farm@winebeef.co.jp
生産商品名	甲州ワインビーフ

津久井　富雄（有限会社　グリーンハートティーアンドケイ）

消費者の信頼に応える品質と安全性を確立し、世界で通用する次世代の農業を追及します

農業へ従事するきっかけ

祖父が酪農をするのを見て牛が好きになり、畜産経営をしたいと思いました。農業大学に進み更にその夢はふくらみ、会社経営の酪農に就職。

その後、肥育経営だった現代表（現大田原市長）に出会い、肥育素牛の安定供給を目的に酪農部門を立ち上げました。

こだわり、セールスポイント

種付けから、出生、肥育、出荷、毎日の健康管理まで各工程に責任者をおき、全頭身元のはっきりした牛を市場に送り出しています。飼料も安全性が確認された材料だけを使用し、全行程の飼養環境を完全に管理できる一貫生産を行っています。

現在の日本の農業をどう見ているか

ＴＰＰ問題、為替の影響による飼料高騰等、問題は少なくありません。離農が進み、過疎化が進み、若い人が農業に目を向けたいと思う環境が少ないのが現実で、農業に夢を持った優秀な人材が少なすぎます。

牛の飼料にもこだわりを持っている

過去から現在まで最も苦労した点

畜産において生産性を上げるのも大変ですが、それに付随して出てくる糞尿の処理の問題で苦労し、現在も苦労し続けています。処理をするのに牛舎と同じ面積の堆肥舎が必要で、利益が出てもそちらに投資していかなければなりません。

今後のビジョンについて

農業の会社でも、普通のサラリーマンと同じ様な休日、給料の形態にして行きたいです。高齢化が進み経済力が弱まっていく日本に、将来海外から食糧が入ってくるのでしょうか？もっと魅力ある農業にして若い人を巻き込んで食糧自給率を上げていかなければなりませんし、守らなければなりません。その後、日本の技術をもって海外展開していきたいです。その第一弾として26年からプッシュ&プル方式での完全閉鎖型牛舎を建設し、搾乳ロボット（2ＢＯＸ）で27年5月より80頭を搾乳開始しています。夏場の乳量低下阻止、繁殖性の向上、年間を通しての人件費の節約等が期待できると思われますが、ただ今集計中です。今夏場の成績はすこぶる順調でした。この牛舎なら日本はもちろんのこと、東南アジアなどの熱帯地域でも成績を上げられるのではないかと思われます（東南アジア乳量10～20ｋｇ／頭、日本30ｋｇ／頭）。

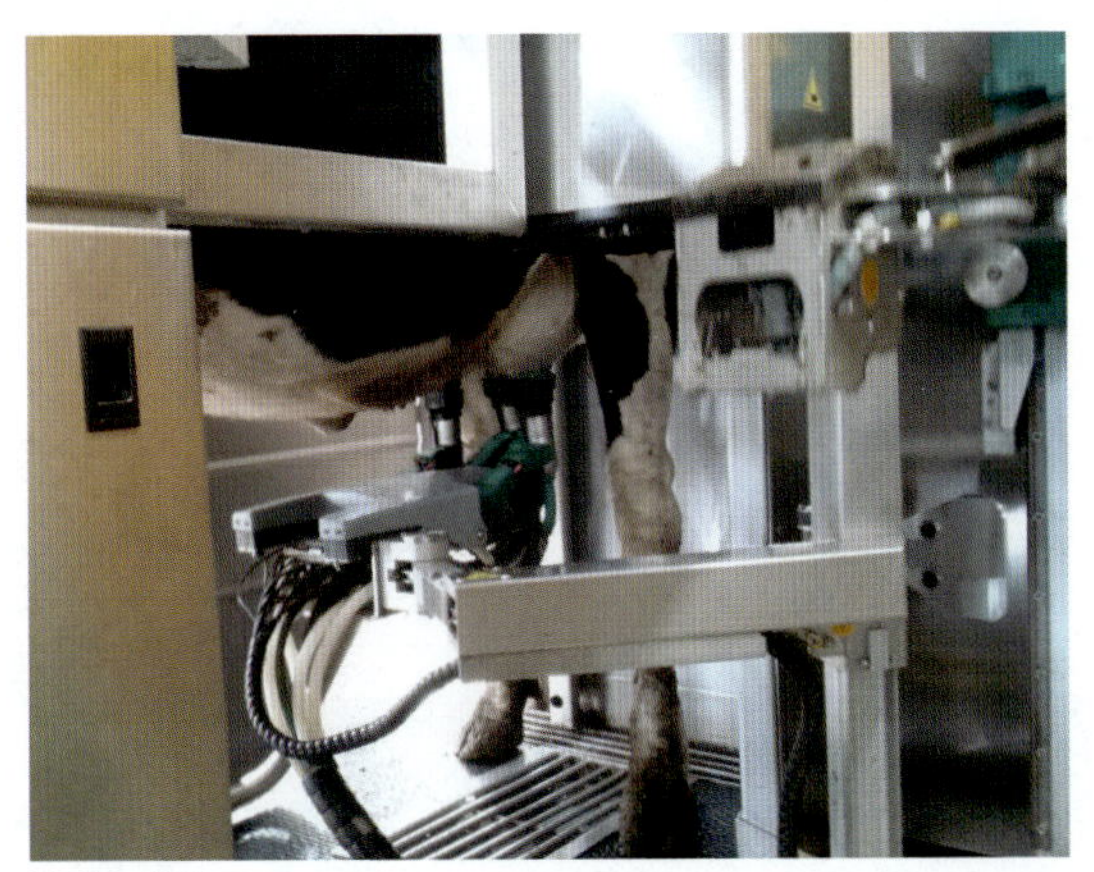

搾乳の様子

社名	有限会社　グリーンハートティーアンドケイ
会社・農園所在地	〒324-0018 栃木県大田原市上奥沢594
代表者名	津久井　富雄
連絡先	TEL：0287-22-5404 FAX：0287-22-7800
URL	http://www.greenhearttandk.jp
問合せ先	担当部署（役職）：取締役社長 担当者：畑　昌平 TEL：0287-22-5404 FAX：0287-22-7800 E-mail：hata@greenhearttandk.jp
生産商品名	酪農・肉牛・水稲・菌床椎茸・アスパラガス

大山 育江（有限会社　大山牧場）

ジャージー牛の餌や育てる環境を大切にし、ミルクの質にこだわり、飼育から加工・販売まで責任を持った事業を展開

農業へ従事するきっかけ

自身も夫も県外で働いていましたが、農家の長男であった夫が地元に帰り就農。その後農家に嫁ぎ初めて農業に触れ、そこで義父の作った野菜の美味しさに感動し、これまでの教職ではなく就農を選択。義父の始めた酪農を夫と受け継ぎ、規模を拡大し地元ではそれなりの実績を上げる牧場となりました。

次の目標を探していた時、地域をジャージーの里にする農協の提案があり、真っ先に手を上げ全頭をジャージー種に変更。この時が「量の経営から質の経営への転換」だったと思います。農協もジャージー用の乳製品製造プラントを建て、製造を始めましたが思うほど売れず、そこで危機感を感じ、酪農家でありながら自身で売ること（宅配）を始めました。そうするうちに自分だけのミルクで自分の牛乳を作って売りたい気持ちが生まれ、これを目標に平成十一年に牧場内に店舗を立ち上げ、今で言う「六次産業化」の道に進むことになりました。

こだわり、セールスポイント

「牛乳イコール給食、給食イコール子供たちが食べるもの」だから牛舎も清潔にして、より安心な生乳の生産にこだわっています。食は命につながる大切なものだと考えており、牧草も可能な限り自分たちで育て、平成二十五年七月から大豆とトウモロコシは非遺伝子組み換え飼料に切り替えました。加工品

地元の子供たちの就職先として選択肢に入るような企業を目指す

も極力添加物を使わない、安心で美味しい自然なものづくりを目指しています。

現在は乳製品をはじめ、ミルクを使ったパン・洋菓子を製造していますが、その原料である唯一無二のジャージーミルクを使えることを事業の最大の強みと考えています。

現在の日本の農業をどう見ているか

農業従事者を票田としたばらまき政策ではなく、農業だけで生活をしていく人を後押しする政策を希望します。現在は、加工品や外食産業では原産国表示の義務がありません。高くても安心な国産の農産物を食べたいと考えている消費者も多いと思います。原産国・産地の表示の法制化を行い消費者に正しい情報を伝えることが、農業の活性化と自給率の向上につながると考えます。

過去から現在まで最も苦労した点

会社を存続させるための規模拡大と組織化、これは家族経営から企業経営への切り替えを意味し、このことが一番の苦労でした。数年かかりましたが、腹を括って子供とも話し合い、解決する方向に進んでおります。ただ、これから代替わりもあるので、今後もしっかりとした理念を持ってのぞまなければ、実現は不可能です。

牧場内店舗をオープンし、数年は地元のメディアにも取り上げられ順調に業績を伸ばしていましたが、その後毎年同じことを続けていると徐々に売り上げが下降し、数年で極めて厳しい経営状況になりました。この時、運良く民間企業での事業経験者が経営に参画することになり、幸いにも立ち直りましたが、農業者だけでは六次産業化は無理だと心底思い知らされました。継続的な経営の維持の難しさを痛感し、これ以降、時代と顧客に合ったイノベーションをし続けるよう心掛けています。

今後のビジョンについて

我々のような一農業者が自立することにより、これからの若者たちに3Kと言われる農業の素晴らしさと可能性を感じ取ってもらいたいです。また、小さな牧場が企業となってこの地に残り、地元の子供たちの就職先として選択肢に入るような会社をつくりあげることが目標です。

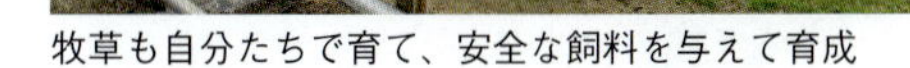
牧草も自分たちで育て、安全な飼料を与えて育成

社名	有限会社　大山牧場
会社・農園所在地	〒761-0901 香川県さぬき市大川町富田西215-2
代表者名	大山　育江
連絡先	TEL：0879-43-6134 FAX：0879-43-6825
URL	http://www.ushiojisan.com
問合せ先	担当者：中村英二郎 TEL：0879-43-5645 FAX：0879-43-6825 E-mail：info@ushiojisan.com
生産商品名	ジャージー生乳

高安 和夫（有限会社アグリクリエイト　東京支社）

ミツバチを通して自然を感じることで、オーガニックな暮らしを都会から発信！

農業へ従事するきっかけ

学生時代から人と自然との共生がテーマでした。

住宅メーカー勤務の後、「食べ物を生産することは素晴らしい」と気づき、有機栽培グループのまとめ役である有限会社アグリクリエイトに就職しました。都会の学校給食等から出た乾燥生ごみを堆肥原料として、農産物を生産し、給食の材料として還すシステムを拡大する中で、リサイクル堆肥を使った農業体験講座を都内で開催するようになりました。

その後、銀座の屋上で食べ物を生産し、地元の老舗やレストランとの連携で地産地費を実現した銀座ミツバチプロジェクトをスタートしました。

こだわり、セールスポイント

わたしたちが関係する屋上農園や養蜂場は都会の中心にあります。そのひとつが銀座三越９Ｆテラスファームです。

地元の京橋築地小学校の４年生児童60人で落花生やサツマイモを栽培、管理、収穫します。

また、ラベンダーやローズマリー、ミントなどのハーブを栽培し、９階のレストランでも使っています。作業のあいまにミツバチが遊びに来ると心がなごみます。

赤坂日枝神社では、奉賛青年会の養蜂を指導し、収穫した「山王はちみつ」は参拝者のあいだで人気を呼んでいます。阿倍晋三首相夫人の昭恵さんも永田町首相公邸でニホンミツバチの飼育をはじめました。

都会の中心地が美味しいハチミツの産地になりつつあります。

地元小学生に屋上農園でハーブの育て方を指導

現在の日本の農業をどう見ているか

日本の農業には限りない可能性があります。わたしたちの活動は都会だけではありません。地域の生産者とミツバチを飼育し、環境保全型農業を広めています。

たとえばお米づくりですが、いくら規模を拡大しても価格競争ではアメリカなど海外のお米にかないません。そこで手間をかけ美味しい主食用米と酒米を生産します。

ワインと同じように地元の水で育ち、地元の水で仕込んだお酒は海外でも通用するはずです。お米の輸出は難しくても、日本酒は海外でも人気です。地域の特性を活かした加工品や上質の農産物の需要は常にあります。

生産規模の拡大とコスト削減ばかりを追うのではなく、日本だからこそ可能な質を求めることで農業は発展していくことができるのです。

過去から現在まで最も苦労した点

農産物の生産は自然相手です。その年の気象条件に大きく左右され、計画通りの収穫を見込めないことが多々あります。都市養蜂も同じです。季節ごとにミツバチ管理の注意点も変わります。

よくお米づくり農家の方は「米づくりは1年1度しか経験できない」と言いますが、養蜂もそれぞれのシーズン、1年1度しか経験できません。10年やっても10回しか経験できず、常に学びの連続です。

今後のビジョンについて

「魅惑のハチミツ体験」というタイトルで、ハチミツテイスティング講座を開催しています。幼稚園・保育園、小学生などの学年に応じた児童向けの講座から、ワインやチーズなどとも組み合わせた大人向けの講座まで内容は色々です。多くの方に「ハチミツの魅力」を知ってもらい、ミツバチや自然環境に関心を持つ人を増やしていきたいと考えています。

そして蜜や花粉源となる木々を植樹し、千年続くミツバチや他の生き物が暮らせる広葉樹の森をつくっていきます。いまより豊かな自然環境を次の世代につないでいくために活動していきます。

屋上養蜂場でのミツバチ管理

社名	有限会社アグリクリエイト　東京支社
会社・農園所在地	〒104-0061　東京都中央区銀座1-20-15
代表者名	高安和夫
連絡先	TEL：03-3562-0126 FAX：03-3562-0127
URL	http://tokyo83.com/
問合せ先	担当部署（役職）：取締役東京支社長 担当者：高安和夫 TEL：03-3562-0126 FAX：03-3562-0127 E-mail：takayasu@aguri-tokyo.co.jp
生産商品名	TOKYO PALACE HONEY

水野 茂（ミズノ・ソイルプロデュース）

土づくりを通じて商品付加価値の向上と持続可能な農業を実現する

農業へ従事するきっかけ

当農園のある愛知県西部は日本3位のレンコンの産地であり、私も代々受け継がれる土地があったため、20代後半に受け継ぎました。

ユリ栽培をはじめたきっかけは、かねてから花栽を取り組みたいと考えていたため。そのなかで当農場がある地域的特性（海抜0で地下水が豊富）が球根栽培の盛んなオランダと共通しているため、ユリを選択しました。

こだわり、セールスポイント

こだわり

長年、農学博士に直接指導をいただいた有機微生物農法を実践しています。有機物を投入するにしても、完熟であること、針葉樹由来のものは使用しないなど、原材料からしっかり吟味しています。化学薬品は一切使用していません。

また、土中の「水」にもこだわり、「赤塚植物園グループ」が展開する、水を改質する技術FFCテクノロジーを応用した土壌改質資材を採用しています。土中の水を酸化と還元のバランスをとった水に変えることで、土中の微生物の活性化と、植物の栄養転流がより効率的に行えていると実感しています。

年3作できる地域であるが、基本的には1圃場年1作とし、土づくりの時間をしっかりもうけ、1作の品質を高める作型にて生産を行っています。

新品種にも積極的に挑戦し、市場や消費者ニーズに合ったものを提供できるようにしています。

セールスポイント

上記の取り組みから花卉栽培の環境負荷低減世界認証（MPSプログラム）にのっとった栽培を行い、環境に配慮しています。また、オーガニックフラワーとしても取り扱われています。

花束のプロデュースも行っている

現在の日本の農業をどう見ているか

農家の格差が出ていると感じています。品質が高い、あるいは付加価値のついたものを生産し、独自性・差別化を図ることができる農家と、そうでない農家。

品質を重視する消費者からのニーズ（品質、安全面）に応えることができるかが、今後農業を継続できるかどうかにも関わってくると感じます。

他方では、まだそれほど品質に対して興味をもたない消費者に対しても、生産者・製品のこだわり、特徴をしっかりと提示できる取り組みを進展させることが必要であるとも感じています。

過去から現在まで最も苦労した点

私が一番苦労した点は、レンコンを生産していた時期に、腐敗病に悩んだことでしょうか。

土づくりの指導を受けるきっかけにもなりましたが、出荷先の市場での評価も上がらず、ひどい扱いを受けたこともありました。

そんな折より、農業博士から土づくりの指導を受け、病気を克服することができました。

当時は苦しい思いをしましたが、結果としては農業の基本である土について、しっかり学べたことが、私のなによりの財産ではないかと思います。

今後のビジョンについて

今後も、市場、消費者のニーズに答えることができるように取り組んでいきたいと思います。

化学物質過敏症の方は、化学薬品を用いて作った花を飾るだけでアレルギー反応が出ると聞きますが、そんな不安がない、安全な花を提供したいです。また、新しい品種にも積極的にチャレンジすることで、色や、花弁の大きさなど、年々変わるお客様のニーズに対応できるように柔軟な姿勢で取り組んでいきたいと感じます。

そして、孫、末代まで、健全な農業が営めるように、私の経験を次の世代へと伝えていきたいと思います。

品種ごとに生育が行われている

社名	ミズノ・ソイルプロデュース
会社・農園所在地	〒496-0931 愛知県愛西市早尾町長瀬57
代表者名	水野　茂
連絡先	TEL：0567-26-3860 FAX：0567-26-3860
問合せ先	担当者：水野　茂 TEL：0567-26-3860 FAX：0567-26-3860
生産商品名	切り花用ユリ（オリエンタルハイブリッド）

一般社団法人 アジアアグリビジネス研究会

アジアアグリビジネス研究会は、日本とアジアのこれからの農業、これからの食について、皆さんとともに、より身近に感じ、考え、実践していこうという研究会。日本が今まで経験し、習得してきた技術・ノウハウを強みとして存分に発揮できる分野である農業。「農家を主役に」という考えのもと、農業情報のFacebookでの発信、書籍発刊、セミナー開催等を通し、日本・アジアの交流を深めることで、今後の日本の農業、アジアの農業の発展に貢献し、強い農業の実現を目指していく。

Facebook：https://www.facebook.com/asiaagri/

ブレインワークス

日本の中小企業に対し、経営革新、人材教育、情報共有化、セキュリティなどの経営支援を行うと共に、自立型企業への変革をバックアップする。自らが実践者であり続けながら、支援企業とともに走りゴールを目指す。かねてから国内のみならずアジアをビジネスフィールドとして事業活動を展開しており、中でもアジア農業ビジネス支援に力を入れている。

ブレインワークス：http://www.bwg.co.jp

日本の未来を支えるプロ農家たち

2015年11月30日〔初版第1刷発行〕

監　修　ブレインワークス
編　著　一般社団法人 アジアアグリビジネス研究会
発行人　佐々木紀行
発行所　株式会社カナリアコミュニケーションズ
〒141-0031　東京都品川区西五反田6-2-7
ウエストサイド五反田ビル3F
TEL　03-5436-9701　FAX　03-3491-9699
http://www.canaria-book.com

印刷所　石川特殊特急製本株式会社
装丁・ＤＴＰ　岡阿弥吉朗（エガオデザイン）

ISBN978-4-7782-0319-1 C 0036

カナリアコミュニケーションズの書籍ご案内

アジアで農業ビジネスチャンスをつかめ！

近藤　昇・畦地　裕　著

日本の農業の未来を救うのは「アジア」だった！

日本の農業のこれからを考えるならアジアなくして考えられない。

農業に適した土地柄と豊富な労働力があらたなビジネスチャンスをもたらす。

活気と可能性に満ちたアジアで、商機を逃すな！

2010年4月20日発刊
定価1400円（税別）
ISBN 978-4-7782-0135-7

100%オーガニックを自分で育てる

寺尾　朱織　著

オーガニックは人生そのもの。

植物だけではない。人の人生も全部、自然から生まれたものだから。

ようこそ、100%オーガニック・ガーデンへ―


「オーガニックは哲学だ」。

100円ショップの道具、A4サイズのスペースで今日から始められるオーガニックライフ。

ジョン・ムーア氏が毎日をちょっと豊かに過ごせる秘密を教えてくれます。

2010年8月20日発刊
定価1500円（税別）
ISBN 978-4-7782-0156-2

カナリアコミュニケーションズの書籍ご案内

2012年9月20日発刊
定価1400円(税別)
ISBN 978-4-7782-0230-9

『グリーン経済』を実践して ビジネスチャンスも掴もう!

北野　正一　著

内モンゴルで進むグリーン経済ビジネスの実態とは?


モンゴルは資源ビジネスで注目される一方、それ以外の産業は伸び悩んでいると言われる。

しかし、内モンゴルは中国でもっとも経済成長率の高い地域であり、資源だけでなく、内需対応産業でも盛り上がりを見せている。

この地域で取り組まれている、砂漠化を救いながらビジネスで収益を上げる実践的モデルを紹介。


今話題の「グリーン経済」と、内モンゴルの魅力が一度に分かる1冊!

2014年6月13日発刊
定価1800円(税別)
ISBN 978-4-7782-0272-9

ベトナム成長企業50社〈2014年度版〉 ハノイ編

ブレインワークス　編著

ベトナムの成長企業を紹介するシリーズ ハノイ編の第2弾
成長を続けるベトナムハノイで注目される企業50社を紹介

ベトナム進出企業・投資家必読の1冊。

今やアジアは世界経済の牽引役となっている。

その中でも高成長を続けるベトナムに世界の関心はますます高まっている。

今後さらに成長が期待できるベトナムの首都ハノイの企業を厳選して掲載。

事業投資先、ビジネスパートナー候補、今のベトナムの様子がわかる!

これからさらに成長が期待できるベトナム・ハノイの企業を厳選。

低い賃金で優秀な人材を抱え、高いレベルの仕事を成し遂げる ベトナム企業の最新情報を提供する。ハノイ編は前作に続く第2弾。

カナリアコミュニケーションズの書籍ご案内

ミャンマービジネスの 真実

田中 和雄 著

日本では報じられないミャンマーの知られざる素顔とは。

現地に１７年通い続けた著者だからこそ書けるミャンマーの真の姿がこの１冊に集約。

この国でビジネスするなら知っておかなくてはならないことが網羅された必読の書。


日本で報じられているミャンマーの姿は、どこか大切な部分が抜けて落ちているのではないかと感じた著者が、17年間現地に通い続けた経験に基づき、ビジネスをする上でのこの国の実態に深く迫る１冊。

2014 年 3 月 28 日発刊
定価 1400 円（税別）
ISBN 978-4-7782-0266-8

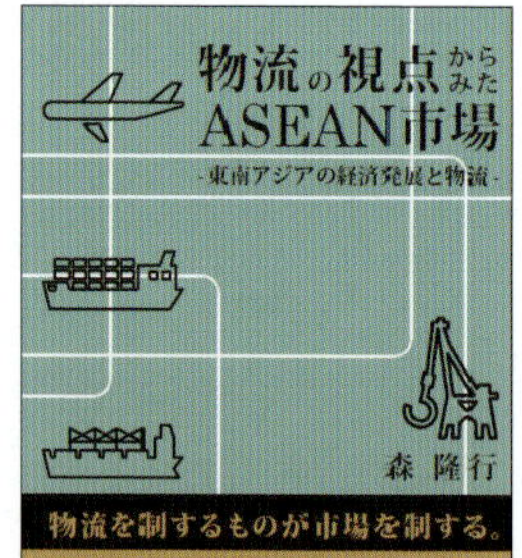

物流の視点からみたASEAN市場 〜東南アジアの経済発展と物流〜

森　隆行　著

物流を制するものが市場を制する。

急成長を続けるＡＳＥＡＮ経済を支えているのが物流である。

物流の視点からアジアを眺めれば今後の経済動向を見通すことができる。これからアジアに進出・投資を考える企業にとって必読の書。


企業活動が地球規模に広がっている現代において、海外展開する企業にとって物流が何より重要となる。

物流なくして企業活動は成り立たない。

これまでのASEAN関係の書籍とは別の視点となる物流からASEAN経済を読み解く。

2015 年 5 月 30 日発刊
定価 1800 円（税別）
ISBN 978-4-7782-0305-4